TURING 图灵新知

Introduction to Mathematical Thinking

数学思维导论
学会像数学家一样思考

[美] 基思·德夫林 著 林恩 译

人民邮电出版社
北　京

图书在版编目 (CIP) 数据

数学思维导论：学会像数学家一样思考/（美）德夫林著；

林恩译. － 北京：人民邮电出版社，2016.1

（图灵新知）

ISBN 978-7-115-41047-4

Ⅰ.①数… Ⅱ.①德… ②林… Ⅲ.①数学－普及读

物 Ⅳ.①O1－49

中国版本图书馆CIP数据核字（2015）第275625号

内 容 提 要

这是一本写给高中生、大学生以及所有希望提高分析思维能力者的数学思维入门书。它将教你学会像数学家一样思考，顺利完成从中学数学到大学数学的过渡，或者让你掌握在各行各业获得成功必备的关键性思维能力。阅读本书只需高中程度的数学。同时，本书也是 Coursera 热门课程《数学思维导论》的配套教科书，配合线上课程，必能获得更好的学习效果。

◆ 著　　　 [美] 基思·德夫林

　 译　　　 林　恩

　 责任编辑　 楼伟珊

　 责任印制　 杨林杰

◆ 人民邮电出版社出版发行　 北京市丰台区成寿寺路11号

　 邮编　 100164　 电子邮件　 315@ptpress.com.cn

　 网址　 https://www.ptpress.com.cn

　 涿州市般润文化传播有限公司印刷

◆ 开本：880×1230　1/32

　 印张：4.75　　　　　　　　　 2016年1月第1版

　 字数：106千字　　　　　　　 2025年5月河北第28次印刷

　 著作权合同登记号　 图字：01-2013-3127号

定价：32.00元

读者服务热线：(010)84084456-6009　 印装质量热线：(010)81055316

反盗版热线：(010)81055315

版权声明

前　言

　　许多学生都曾在从中学数学到大学数学的过渡中遇到过困难。即便他们中学时数学学得很好，他们中大多数也有一段时间难以适应从 K-12 到大学的过渡：因为 K-12 的数学教育主要关注的是掌握解题过程，而大学数学教育主要要求掌握"数学思维"。尽管最终他们大多还是成功地渡过了难关，但还是有一些学生做不到，从而放弃了数学，转而选择其他专业（该专业可能不再属于科学领域，也可能还是与数学相关）。因此，大学里通常会开设一门"过渡课程"来帮助大学新生完成这场转变。

　　这本小书就是为了配合这样一门课程而写的。不过，它并不是一本传统意义上的"过渡课程教科书"。人们一般把过渡课程当作一门速成课程，在这门课上教给大学新生（以及中学高年级学生）数理逻辑、形式证明、一些集合论以及少量的初等数论和初等实分析，而我试图帮助学生培养的是一种至关重要却又难以捉摸的能力：**数学思维**（mathematical thinking）。数学思维与

"做数学"不一样，后者往往涉及一些套路的应用以及一些繁重的符号运算。与之相比，数学思维是思考世间万物的一种独特方式。它并不需要与数学有任何关系，尽管我认为数学的某些部分为学习如何使用这种方式思考提供了理想的背景。在本书中，我主要关注的也是那些领域。

数学家、科学家和工程师都需要"做数学"。但对于 21 世纪的生活来说，拥有数学思维将使每个人都或多或少受益。（数学思维不仅包括量化推理能力，也包括逻辑与分析思维等所有关键性的能力。）这就是我试图使本书对所有希望或需要拓展改进他们的分析思维技能的人可读的原因。一旦人们在掌握基本的逻辑与分析思维的基础上更上层楼，真正掌握了数学思维，那他们所得到的回报将至少不亚于 21 世纪社会发展所带来的其他优越条件：数学将从令人困惑、令人沮丧、有时看起来高不可攀的，变成可理解、虽然困难但却**可行的**。

20 世纪 70 年代晚期，我在英国兰开斯特大学教书时开设了一门课程，它是第一批大学过渡课程之一。1981 年，我还出版了一本过渡课程教科书《集合、函数与逻辑：抽象数学引论》，这也是第一批过渡课程教科书之一。[①]现如今，当我教授这样一门课时，我的安排跟以前的有所不同，会使它着眼于更宽泛的"数学思维"。同样地，本书也与上面提到的那本书有所不同。[②]当我

[①]现在它已经出到了第三版：*Sets, Functions, and Logic: An Introduction to Abstract Mathematics*, Chapman & Hall, CRC Mathematics Series.

[②]由于上面那本书与这本新书均来自于我所开设的过渡课程，两本书的内容仍有大量重叠，我的这两本书与由其他作者所著的过渡课程教科书之间的情况也是如此。但这本书的重点不一样，目标读者也不一样，它的目标读者比其他书的目标读者范围更广。

明白了那些更为人熟知的过渡课程及其教科书背后的原理后，我现在所开设的课程以及配合它的这本书试图能够为更大范围的受众服务。（诚然，逻辑为数学推理提供了一个有效的**模型**，而这也正是最初人们研究该领域的原因，但我已不再认为学习逻辑是培养实用的逻辑推理技能的最佳途径，因此我不再将时间花在形式化的数理逻辑上。）在采用这种更开阔的社会化视角后，我相信我的课程以及这本书将不仅仅能帮助大学数学新生成功完成从中学到大学的过渡，它们也将能帮助任何有需要的人去提高他们的推理技能。

出于某种原因，过渡课程教科书通常是非常昂贵的，在某些情形下价格甚至超过一百美元，这对一本也许最多只能用一个学期的书来说是一笔非常大的数目。本书是为配合长仅五至七周的过渡课程而设计的，因此，我决定将其作为一本低成本的按需印刷的书自主出版。不过，我与一位有经验的专业数学教科书编辑乔舒亚·费希尔（Joshua D. Fisher）建立了密切合作，他在出版前通读了整部原稿。最终你所看到的这本书离不开他的专业知识的帮助，为此我非常感激他。

基思·德夫林
斯坦福大学
2012 年 7 月

目　录

本书是讲什么的？

亲爱的读者，

在写本书的时候，我考虑的是这样两类读者：(1) 希望（或者可能）学习数学或数学相关专业的大学新生；(2) 出于某些原因，希望或者需要发展和提高分析思维技能的人。不管怎样，他们关注的都是学习用某种（非常强大的）方式思考。

从本书中，你不会学到任何数学套路，更不需要应用任何数学套路！尽管最后一章的重点是数（初等数论和实分析基础），但我只放入了极少量关于这部分内容的"传统"数学材料。这一章仅仅展示了一些精彩的范例。长期以来，这些范例帮助数学家们发展分析思维技能，而这种技能也正是我将在本书中通篇描述的东西。

19 世纪期间，不断提高的社会民主化和"扁平化"，使每一位公民拥有更多的自由和机会，在商业或社会中扮演重要及自主的角色。与此同时，大众对分析思维技能的需求也随之增长。今天，当代社会给人们提供了自我发展和提升的机会，而对任何希望能够充分利用这些机会的人来说，优秀的分析思维技能显得比以往任何时候都更加重要。

数十年来，我都在教授那些在大学①（纯）数学上获得成功所需要的思维模式，并写作关于这方面的书。然而，直到最近十五年，在为产业界与政府提供了一部分咨询工作后，我才了解到，商业和政府领导人最欣赏的雇员恰恰正是具备"数学思维技能"的人，而该能力也正是我的课程与书所着重培养的能力。很少会有 CEO 或政府实验室主任说，他们需要有特定技能的人；相反，他们需要的是，在必要时能够学习新的特定技能、拥有优秀分析思维技能的人。

根据这些来自学界和商界的互不相同却明显相互联系的经验，我决定尝试用一种能够被更广泛的受众接受的方式构思写作。

话虽如此，这篇导论的其余部分还是主要针对那些需要学习一些（纯）数学课程的大学新生。而正如我刚才所讨论的那样，对于一般读者，我将要讲述的内容的价值在于，掌握现代纯数学所需要的数学思维技能，正是在各行各业中获得成功必备的关键性思维能力。

* * *

亲爱的学生，

正如你们即将发现的，从中学数学到大学水平（纯）抽象数学的过渡是很困难的。这并不是因为数学变难了。那些成功完成了过渡的学生可能会说，从许多方面来讲，大学数学其实是变得更容易了。就像我之前所提到的那样，许多人之所以会遇到这个问题，不过是因为重点变了。在中学，重点主要是掌握解决不同

___
① 贯穿全书始终，我将用"大学"指代"大学或学院"。

类型问题的套路，这使得学习过程变得像是阅读并且掌握一本数学烹饪书中的食谱。而在大学，重点成了**学习用一种不同的、特殊的方式思考——像数学家一样思考**。

（事实上，并非所有大学数学课程都是如此。那些为科学和工程专业的学生设计的数学课程常常与构成中学数学最难部分的微积分课程并无二致。真正不同的是数学专业的那些数学课程。不过由于从事科学及工程领域中一些较高级的工作通常需要学习一些数学专业的课程，科学及工程专业的学生可能也会遇到这种"不同类型"的数学。）

用数学的方式思考并不是一种不同的数学，它是一种数学视角，这种视角更开阔，更与时俱进，但却不会因为它的广度而流于浅薄。中学数学必修课通常强调数学套路而在很大程度上忽略了数学的其他部分。对于你们而言，大学数学起初确实像是一门完全不同的学科。当初我开始学习本科数学的时候，情况也是如此。如果你在大学里学习数学专业（或者像数学一样难的学科，如物理），那么你在中学时数学一定很好。这意味着，你一定十分擅长掌握及遵循既有套路（并且从某种程度上说，是在一定时限内完成）。中学教育体系嘉奖你，也正是因为这一点。然后你升入了大学，所有的规则都变了。事实上，根本没有规则可依，或者即便有，你一开始也是感觉仿佛教授们把它们偷偷藏了起来，秘而不宣。

为什么当你进入大学后，重点发生了改变? 答案很简单。教育是为了学习新技能及提高办事能力的。你能从中学毕业，便表示你已能学习新的数学套路，再教更多同样的东西给你也没什么用了。无论何时，只要你需要，你都能学习新的技能。

例如,当一名钢琴学生掌握了一首柴可夫斯基钢琴协奏曲后,只需要一点点练习,而不需要再学什么新东西,他就能够演奏另一首。从那时起,该学生便该考虑如何发挥他的全部才能以演奏其他作曲家的作品,或者更充分地理解音乐以创作自己的作品。

类似地,对数学而言,你在大学时的目标是培养能够让你解决新鲜问题的思维技能。这些问题可能是现实生活中的实际问题,也可能是来自数学或科学的问题,而你并没有解决这些问题的标准做法。而在某些情形下,这样一种标准做法可能并不存在。(当初两位斯坦福大学研究生拉里·佩奇和谢尔盖·布林在研发一种新的搜索信息的数学算法时,情况便是如此。后来利用这种算法,他们创立了 Google。)

让我们换个说法来更清楚地说明,为什么数学思维在现代世界中会如此珍贵。在大学前,你在数学上获得成功是通过学习"在盒子内思考";而在大学时,你在数学上获得成功是通过学习"跳出盒子思考",这种能力是今天每个大雇主都声称十分看重的。

与其他所有"过渡课程"和"过渡课程教科书"一样,本书的首要重点是帮助你学习如何动手处理一个新问题,而对这个问题,你没有任何熟悉的模板可套用。这可归结为学习如何**思考**(一个给定的问题)。

要想成功完成这次从中学到大学的过渡,有两个关键步骤你必须做到。第一个关键步骤是,学着不再寻找可使用的公式或者可遵循的套路。找一个模板(例如教科书中的或者 Youtube 视频中演示的一个范例),然后仅仅替换其中的数字,这样的办法往往解决不了新问题。(你仍然可以用这种方式来处理大学数学的许多方面和现实生活中的应用,它们仍然有效。因此,你在中学的所有努力都不会被浪费。然而对于许多需要用新的"数学思维"思考的大学数学课程来说,这就不够了。)

如果你不能通过寻找可效仿的模板、可套用的公式或者可应用的算法来解决问题,你会怎么做? 答案是,思考这个问题,这就是第二个关键步骤。不是思考这个问题的形式(这是中学时所教的,在那时也很管用),而是思考它实际上说的是什么。尽管这听起来应该很容易,但我们中的大多数人一开始都会觉得这非常难和令人沮丧。考虑到你也可能经历过这些,你需要了解,这样的转变有其理由。它与数学在现实生活中的应用有关。我将在第 1 章中阐述这一点,但现在,我只给你打个比方。

如果我们将数学比成汽车世界,那么中学数学就是学习驾驶汽车,而大学数学所对应的则是学习汽车如何运作以及如何保养和维修它,并且如果你对这门学科钻研得足够深入,你还要学习如何设计及建造你自己的汽车。

我将以一些要点结束这篇简短的导论。当你们学习本书时,要将这些要点牢记于心。

- 学习本书仅要求学完(或即将学完)中学数学常规必修课。有一两处(特别是最后一章)需要一些初等集合论的知识(主要是集合的包含、并、交等概念及性质)。我将必要的材料放在附录中,以供不熟悉这个领域的人学习。

- 记住:你觉得会很难的一个原因可能是,一切看上去漫无目的。其实这一切的目标都是为你学习树立数学思维(这种数学是你以前没有遇到过的)奠定基础。所以不可避免地,这个过程需要你主动尝试运用这种新的思维。

- 把你的重点放在**理解**新概念与想法上。

- 不要急于求成。要知道,这本书非常薄,需要学习的事实非常少,而需要理解的东西却很多!

- 尝试完成练习,越多越好。把它们放进书中是为了帮助你理解。

- 遇到困难时,与你的同学和授课老师讨论。我们之中能够独立完成这次关键性转变的人寥寥无几。

- 我应该强调,这并不是一本为自学而设计的教科书。它是一本课程参考书,当你想从授课老师之外的来源获得一些补充信息时,它可以供你参考。

- 书中有许多练习,我强烈主张你们去做这些练习。它们是本书不可分割的一部分。不过与教科书不同的是,我并没有提供这些练习的答案。这并不是我的疏忽,而是我深思熟虑后的选择。学习用数学的方式思考并不仅仅是为了获得答案。(尽管一旦你学会了用数学的方式思考,你会比单纯地遵照程序化的方法去做时更容易得到正确答案。)如果你想知道你的结果是否正确(我们都想知道),你应该向一些内行的人求助。判断一份数学推理是否正确是一种需要借助专业知识的价值判断。常常有学生得到表面上看起来正确的答案,而在仔细推敲后,却发现该答案是错的。当然,一些练习的答案我能放心地给出,但我还是要重申至关重要的这一点:完成从中学数学到大学数学的过渡,这一切都是围绕**过程**展开的,它关注的是尝试和思考,而不是"获得答案"。

- 如果可以的话,与其他人共同学习。中学时,单独学习很普遍,因为中学时的重点在**做**。然而,掌握过渡课程内容需要思考，并且与其他人一起讨论学习比单独学习要好得多。让你的同学分析和点评你在证明中所做出的尝试，能够大大帮助你自己的学习与理解。

- 不要试图囫囵吞枣地学习任何一节，即便它乍一看显得很容易。[①]本书中的内容是其他地方都用得到的。书中收入的每一样东西，通常都会给初学者带来问题。（在这一点上，你要相信我。）
- 不要放弃。全世界的学生在去年、前年都做到了。许多年前，我也一样。所以你们也能!
- 哦，对了，还有一件事：不要急于求成。
- 记住，你的目标是理解和培养一种新的思维方式，一种你在各行各业都会觉得有用的思维方式。
- 中学数学是关于**做**，大学数学则主要是关于**思考**。
- 最后三个字的建议：慢慢来。

祝你好运。:-)

基思·德夫林

斯坦福大学

2012 年 7 月

[①] 是的，我知道。仅仅六小段话之前，我也说过这句话。但我是经过深思熟虑的，因为这很重要。

第1章

什么是数学?

中学将所有的时间都用在数学内容的教授上，重点讲如何学习和应用不同的套路解决数学问题，却很少（如果还有的话）花时间尝试去向学生传递数学是什么。这有点像用执行一系列传球使球进门来描述足球。两者都精确地描述了不同的关键特征，但它们都忽略了整体是什么及其来龙去脉。

在了解了课程要求后，我能够理解为什么会这样，但我认为这是错的。尤其是在今天，对数学的性质、外延、能力和局限有一个一般性的认识，这对任何公民都是有用的。①多年来，我遇到过许多人，他们都拥有与数学紧密相关的专业的毕业证书，例如工程、物理、计算机科学甚至数学专业。这些人告诉我，直到完成所有中学和大学教育，他们对现代数学构成的概况都没有很好的了解。直到后来，他们时不时地在生活中瞥见这门学科的真实本质，才开始领会到，数学已渗透进现代生活的方方面面。②

---

① 如果你对此还没有概念，请返回阅读本书的导论。这对理解本章及全书都很关键。

② 参见上一条脚注。

1.1　不止是算术

今天,在科学与工程中所用到的大多数数学,它们的历史都没有超过三四百年,许多还不到一百年。然而,常规中学必修课中所包含的数学的历史至少都有那么久了,有些甚至已经超过两千年!

教那么旧的东西并没有什么错。俗话说得好,没坏就别修。代数("algebra"一词来自阿拉伯语"al-jabr",意为"复位"或者"碎片重拼")是由 8、9 世纪的阿拉伯商人为了提高他们的商业交易效率而发展起来的。尽管现在我们是在电子表格宏命令中应用代数,而不是像在中世纪那样用掰手指计算,但代数依然和当时(8、9 世纪)一样重要和有用。不过,时代在推移,社会也在发展。在这个过程中,对新数学的需求产生了,并且需求及时地得到了满足。教育也需要跟上步伐。

可以说,数学是从数与算术的发明开始的。人们相信,大约在一万年前,随着货币的诞生,就有了它。(是的,它的起源显然与钱有关!)

接下来的几个世纪,古埃及人和古巴比伦人扩充了这门学科,把几何和三角学也纳入了进来。[1]在那些文明中,数学大多是很实用的,很像一本"烹饪书"。("对一个数或者一个几何图形这样做,然后这样做,你就会得到答案。")

公元前 500 年至公元 300 年这段时间是古希腊数学时期。古希腊数学家相当注重几何。事实上,他们用几何的方法处理数,

---

[1]其他文明也发展了数学,例如中国和日本。不过那些文明的数学看起来对现代西方数学并没有直接影响,所以我不会在本书中谈论它们。

把它们看作长度的测量值。而当他们发现存在一些他们的数所无法对应的长度时（实质上是发现了无理数），他们对数的研究基本走到了尽头。①

实际上，古希腊人使数学变成了一个研究领域，而不仅仅是一系列测量、计数以及会计的技术。公元前 500 年左右，米利都（现在是土耳其的一部分）的泰勒斯引入了这样的思想：精确表达的数学论断能够通过形式化的论证符合逻辑地加以证明。这个创新的思想标志着定理的诞生，而定理是当今数学的基石。欧几里得的《几何原本》的出版，使古希腊人的这套形式化方法达到了巅峰。据说这本书是一直以来仅次于《圣经》的、流传最广的书。②

大体上，中学数学就是以我在上面列出的所有发展为基础，再加上两个来自 17 世纪的进展：微积分和概率论。实际上，最近三百年的数学根本没有走进中学课堂。然而，当今世界上所用到的大部分数学都是最近两百年间发展的，连倒数第三个百年间的都用不上！

因此，不论是谁，如果他对数学的看法被典型的中学教学所禁锢，那他不可能意识到数学研究是一个繁荣的世界性活动，也不可能会接受，数学已在很大程度上渗入了当今社会与生活的大多数行业。例如，他们不可能知道美国哪家机构雇佣了最多的数学博士。（尽管准确数字是一个官方秘密，但答案几乎肯定是

---

①有一个被反复提及的故事，说有一位年轻的希腊数学家发现有一些长度无法用希腊人已有的数表示，人们唯恐这个糟糕的消息走漏便把他投入大海淹死。据我所知，没有证据支持这个不现实的传说。这很可惜，因为它的确是一个好故事。

②考虑到今天规模庞大的大众平装书，"流传广"的定义大概需要包含这本书流传的年数。

美国国家安全局。这些数学家中的大多数人从事密码破解,通过监控系统截取加密信息,以供当局读取。尽管情报当局还是不会承认这一点,但至少人们通常是这么认为的。虽然大多数美国人可能知道国家安全局从事密码破解,但许多人没有意识到密码破解需要数学,也就不会觉得国家安全局是一家雇佣了大量高级数学家的机构。)

　　大约在过去一百年间,数学活动剧增,发展尤为迅猛。20 世纪初,数学能被合理地看作由约十二个不同的学科组成:算术、几何、微积分以及另外一些。现如今,这些范畴的数目大约为六七十,具体数目取决于你如何统计。一些学科,像代数或者拓扑,已分裂成不同的子领域;其他一些学科,例如复杂性理论或者动力系统理论,则是全新的研究领域。

　　数学的显著发展,使得在 20 世纪 80 年代出现了一个新的数学定义:**关于模式的科学**(science of patterns)。[1]根据该描述,数学家定义并分析抽象模式 —— 数值模式、形状模式、运动模式、行为模式、群体投票模式、重复概率事件模式,等等。这些模式可能是真实的,也可能是想象的;可能是可见的,也可能是思想化的;可能是静态的,也可能是动态的;可能是定性的,也可能是定量的;可能是实用的,也可能是消遣的。它们可能来自我们周围,来自对科学的追求,也可能来自人类大脑的内部运作。不同的模式造就数学的不同分支。例如,

- 算术和数论研究数与计算的模式。
- 几何研究形状的模式。

---

①本书作者基思·德夫林另有一本书《数学:关于模式的科学》(*Mathematics: The Science of Patterns*)对该定义进行了详细阐述。——译者注

- 微积分让我们能够处理运动的模式。
- 逻辑研究推理的模式。
- 概率论处理概率的模式。
- 拓扑研究封闭性与位置的模式。
- 分形几何研究自然世界中发现的自相似性。

1.2 数学符号

现代数学有一个甚至普通人一眼就能看出来的特征，那就是使用抽象符号：代数表达式、看起来很复杂的公式，以及几何图表。数学家对抽象符号的依赖反映出他们所研究的模式的抽象性质。

现实的不同方面需要用不同的形式描述。例如，研究地形或者向某人描述如何在陌生城镇中寻找路线时，最恰当的方法是画一张地图。用文字远没有这样做恰当。类似地，带注释的线条画（蓝图）最适合用来表示建筑物的结构，而音乐符号最适合用来在纸上描绘音乐。对于不同种类的、抽象的、形式化的模式和抽象结构来说，最恰当的描述和分析的手段是使用数学符号、概念和算法。

例如，可以这样用日常语言来陈述加法交换律：

两个数相加时，它们的顺序并不重要。

然而，它通常被写成符号形式：

$$m + n = n + m.$$

虽然对于上面那样简单的例子来说，符号形式并没有什么明显优势，但大多数数学模式之复杂和抽象化，使得应用除形式化符号以外的任何工具都会带来过多的烦琐。因此,数学的发展也包括了抽象符号使用的一个稳步增长。

尽管通常认为现代形式的符号数学是由 16 世纪的法国数学家弗朗索瓦·韦达引入的,但代数符号似乎最早出现在亚历山大港的丢番图(生活于公元 250 年左右)的著作中。他的 13 卷论著《算术》(现仅存 6 卷)通常被认为是第一本代数课本。值得一提的是,丢番图使用了特殊的符号来表示方程中的未知数以及未知数的幂,并且用符号来表示减法和相等。

现如今,数学书中有一种符号泛滥的倾向。然而,正如音乐符号不是音乐,数学符号也不是数学。一页音符**代表着**一份音乐作品,但只有当纸上的音符被唱出或被乐器演奏出时,你听到的才是音乐本身。音乐通过表演而变得鲜活起来,成为我们经验的一部分。音乐并不存在于纸上,而是存在于我们的脑海中。数学也一样。纸上的符号仅仅只是数学的**表示**,只是当有能力的表演者阅读它们时(对数学而言,是某些经过数学训练的人),印在纸上的符号才变得有了生命力 —— 数学像抽象的交响乐一样,在读者的脑海里生存和呼吸。

再说一遍,之所以要使用抽象符号,是因为数学帮助我们识别和研究的那些模式是抽象的。例如,在帮助我们理解宇宙中那些看不见的模式上,数学发挥了至关重要的作用。1623 年,伽利略写道:

> 只有那些懂得自然是用什么语言书写的人,才能读懂自然这本巨著,而这种语言就是数学。①

---

①出自《试金者》(*The Assayer*)。这段被经常提及的话是对他原话的转述。

事实上，物理学能被精确地描述成透过数学镜片所看到的宇宙。

举一个例子，正因为用数学系统化地阐述及理解物理定律，我们今天才有了航空旅行。当一架飞机从头顶飞过时，你看不到任何支撑它的东西。只有通过数学，我们才能"看见"那使它保持在高空里的、不可见的力。该情形中的那些力被 17 世纪的牛顿辨别了出来，他还发展了研究它们所需的数学。尽管直到几个世纪后，技术发展到了一定程度，我们才能真正利用牛顿的数学（已被此期间发展起来的大量其他数学所加强）去制造飞机。这个例子很好地说明了我最喜欢的用来描述数学是什么的一个模因：**数学把不可见变为可见**。

1.3 现代大学数学

在简要概述过数学的历史发展后，我可以开始说明，为什么现代大学数学从根本上与中学所教的数学不一样。

尽管在很久之前，数学家就将研究对象的领域扩张到了数（以及表示数的代数符号）以外，但直到一百五十年前，他们仍然把数学看成主要是关于**计算**的科学。也就是说，精通数学实际上意味着能计算或者利用符号表达式解决问题。大体上说，中学数学仍然在很大程度上以这个早先的传统为基础。

然而，19 世纪期间，由于数学家处理的问题变得前所未有的复杂，他们开始发现，有时候，早先关于数学的那些直觉不足以指导他们的工作。反直觉的（有时甚至是悖论式的）结果使他们领悟到，他们发展起来的用来解决重要实际问题的一些方法会带来一些他们无法解释的结果。例如巴拿赫－塔斯基悖论。这个悖论说,从理论上讲,取一个球,你能用某种方式将它切成几部分,然后把它们重新组合得到两个一模一样的球,每个都与原来的球同样大小。因为数学是正确的,所以即便它挑战了我们的想象,巴拿赫 – 塔斯基的结果也必须作为一个事实被接受。

因此,人们明白了,数学能够通往只有通过数学自身才能理解的领域。为了做到不用其他方法验证便能确保我们可以相信利用数学方法所得到的发现,数学家转向了数学内的方法,并用它们检验这门学科自身。

19 世纪中期,这种自省使人们采用了一种新的、不同的数学理念,关注点不再放在演算或者计算答案上,而是放在系统化阐述及理解抽象概念和关系上。这是从强调**做**到强调**理解**的转移。人们不再认为数学对象主要由公式给出,而是将它们看成概念化性质的载体。证明不再是依据规则而进行的项的转化,而是始于概念的逻辑推理过程。

这场革命(它确实足以称得上是一场革命)完全改变了数学家看待他们的学科的方式。然而,在世界其他地方,这场改变还没有发生。除了专业数学家,人们最早发现情况有变是在新的着眼点从大学本科必修课中体现出来的时候。作为一名学习数学的大学生,如果你觉得自己在最初接触到这种“新数学”时头昏脑涨,你可以把它们怪到狄利克雷、戴德金、黎曼以及其他所有帮助引入这种新方法的数学家头上。

作为对接下来内容的一个预告,我将给出这场改变的一个例子。19 世纪之前,数学家习惯了这样一个事实:诸如 $y = x^2 + 3x - 5$ 这样的式子给出一个**函数**,使得由任何给定的数 x,能够得到一个新的数 y。然后,革命者狄利克雷来了。他说,忘掉那些式子，仅关注在输入－输出的行为这方面，函数做了什么。根据狄利克雷的说法，一个**函数**是任何能由旧的数得到新的数的规则。这条规则并不一定能被一个代数公式表达。事实上，没有理由要将注意力局限在数上。一个函数可以是任何一条由一种对象出发得到新对象的规则。

有了这个定义，这个由如下规则定义的实数上的函数便合法化了：

如果 x 是有理数，令 $f(x) = 0$；如果 x 是无理数，令 $f(x) = 1$。

试着为这个怪物般的函数作图吧！

数学家开始研究这种**抽象的**函数的性质。这种函数并非由某个公式给出，而是由它们的行为给定的。例如，函数是否具有这样的性质，使得当你赋予它不同的初始值时，它总能给出不同的答案？（这个性质被叫作**单射性**。）

在被称为实分析的新学科的发展过程中，这种抽象的、概念化的方法硕果累累。数学家凭借自己的努力，研究了诸如函数的连续性和可微性等抽象概念。法国和德国数学家发明了连续性和可微性的 $\epsilon - \delta$ 定义。直到今天，每一代要学习微积分后续数学课程的学生为了掌握它，都要耗费很大气力。

还有，19 世纪 50 年代，黎曼用**可微性**定义了一个复函数，[①]而由公式给出的该函数的定义则被他看作是第二定义。

著名德国数学家高斯（1777—1855）提出了**剩余类**（你在代数课上很可能会遇到它），这是我们现在视为标准的方法的先驱。这种方法将数学结构定义为带有特定运算的集合，而这些运算的行为由公理指定。

①即黎曼 ζ 函数。—— 译者注

继高斯之后，戴德金研究了**环**、**域**和**理想**（ideal）等新概念，它们每个都被定义为一族带有特定运算的对象。（再一次地，在学过微积分后，你可能很快就会碰上这些概念。）

接下来还有更多改变。

像大多数革命一样，19 世纪发生的这些改变，很早便已萌芽。古希腊人无疑对把数学作为一种概念上的探索很有兴趣，而不仅仅只是将其看作计算。17 世纪微积分学的共同发明人莱布尼茨，也曾深入地思考过这两种进路。但直到 19 世纪，数学在很大程度上还是被看作一系列解题的算法。然而，对于今天这些完全是学习着已经革新后的数学概念长大的数学家来说，数学不过就是 19 世纪那场革命的产物。这场革命可能并不轰轰烈烈，并在很大程度上已经被遗忘了，但革命已经完成，并且影响深远。而且，它为本书作好了铺垫，毕竟本书的主要目的是，提供进入现代数学的新世界（或者说，至少学习以数学的方式思考）所需要的基本思想工具。

目前，尽管 19 世纪后的数学概念已成为了微积分之后的大学数学课程的主要内容，但它在中学数学中并没有太大影响，这也就是你需要这样一本书来帮助你完成这次过渡的原因。曾经有过一次将这种新方法引入中学课堂的尝试，但这次尝试出了大错，并很快被放弃了。这就是 20 世纪 60 年代所谓的"新数学"（New Math）运动。当时出错的地方在于，当革新的信息从著名大学传递到中学时，它们被严重地曲解了。

对 19 世纪中期前后的数学家来说，计算与理解，两者一直都很重要。19 世纪的革命，只是在对数学的看法上，**关注点**发生了转移：计算与理解，哪个是数学的本质，哪个只发挥派生或支持的作用。不幸的是，在 20 世纪 60 年代，传递到美国中学教师那里的信息往往是，"忘掉微积分技巧吧，只要关注概念就好"。这种荒谬的、极其糟糕的策略使得讽刺作家（同时也是一位数学家）汤姆·莱勒（Tom Lehrer）在他的歌《新数学》（New Math）中写道："方法才重要，别管是否得到了正确答案。"数年后，大部分"新数学"（请注意，它其实早已超过了一百岁）从美国中学教学大纲中被删除了。

当代社会里教育政策制定的性质，使得在可预见的未来，这样的改变不太可能再次发生，即使在第二次时，它有可能做得更好。人们也不清楚（至少对我来说），这样一种改变本身是否是可欲的。有一些教育方面的观点就认为（尽管由于缺乏确凿证据，观点是否成立还颇有争议），在能够思考抽象数学对象的性质前，人类思维需要对这些对象的计算达到一定水平的掌握才行。

1.4 你为什么需要学这些？

现在你应该明白了，19 世纪的这场转变是发生在专业数学圈中的变化，数学家从把数学看作是计算性的，转变成看作是概念性的。作为专业人士，他们对数学的本质更感兴趣。但对大多数科学家、工程师以及其他在日常工作中使用数学方法的人来说，情况大致上还是和以前一样，到今天还是如此。计算（并且得到正确的结果）依然和从前一样重要，并且它的运用，比起历史上的任何时期，都要更为广泛。

因此，对任何不属于数学圈的人来说，这场转变看起来更像是数学活动的**扩张**，而不是关注点的改变。如今学数学的大学生不仅仅要学习解题套路,**还**(额外地)被要求掌握其背后的概念,并能够证明他们所使用的方法是合理的。

如此要求是否合理? 专业数学家需要这种概念性的理解,因为他们的工作是发展新的数学并检验它的正确性。但为什么也这样要求那些学生,他们日后的职业(比如工程师)只是会把数学当作工具而已啊?

有两个答案,两者都相当合理。(剧透一下:仅仅只是表面看上去有两个答案,深究下去,它们其实是一样的。)

第一个,教育不完全只是为了获取将来职业生涯中所要用到的特定工具。为了我们的文化瑰宝代代相传,数学作为人类文明最伟大的创造之一,应该与科学、文学、历史以及艺术一起被传授。活着并不只是为了工作和职业。教育是为人生而作的准备,而掌握特定的工作技能只是其中一部分。

第一个回答肯定不需要更多的解释了吧。第二个回答则是针对"作为工作所需要的工具"的议题。

毋庸置疑,许多工作需要数学技能。许多人在找工作时发现,他们缺乏数学背景。事实上,在大多数行业中,几乎任意层次的对数学的需求实际上都比通常预计的要高。

许多年来,我们已经习惯于这个事实:工业社会的进步需要具有数学技能的劳动力。然而,如果你更仔细地观察一下,这些人可分为两类。一类由这样的人组成:对给定的数学问题(即已用数学术语表述的问题),能够找到它的数学解。另一类则由这样的人组成:拿到一个新问题后,比如说是制造业方面的,能够用数学的方法识别和描述该问题的关键特征,并用数学化的描述精确地分析这个问题。

在过去,对拥有第一类技能的雇员的需求很大,而对拥有第二类技能的人才的需求很小。我们的数学教育过程大体上能够满足这两种需求。虽然数学教育一直以来关注于生产第一类工作者,但他们当中的一些人势必也擅于第二种活动。于是一切都好。但在当今世界中,公司必须持续不断地创新以保持在商业竞争中立于不败之地,从而需求转向了第二类人:拥有数学思维的人,他们能够跳出盒子思考,而不是只在盒子内思考。现在,突然之间,问题来了。

对于拥有一系列数学技能、能够长期独自工作、深入关注某一特定数学问题的人来说,对他们的需求一直存在,并且我们的教育系统也应该支持他们的发展。但在 21 世纪,对第二类人才的需求更大。由于我们并没有为这样的个体命名("有数学能力的人"或者甚至公众观念里的"数学家",通常指的是第一类人),我建议给他们起一个名字:**创新的数学思考者**(innovative mathematical thinkers)。

这类新的个体(好吧,这其实并不新鲜,我只是认为之前没有人注意过他们),首先需要对数学有一个很好的概念性的理解,知道它的能力、范围、何时及如何被应用,以及它的局限。他们也需要扎实地掌握一些基本的数学技能,但并不需要特别高超。更为重要的一条是,他们能够在团队工作(通常是跨学科的团队)中发挥作用,能用新的方式看待事物、能快速学习和迅速掌握可能需要的新技能,并擅长将旧方法运用于新形势中。

我们如何才能教育出这样的个体?我们要致力于对概念性思考的教育。这种思考隐藏在所有具体的数学技能之后。还记得那句古话吧?"授人以鱼,不如授之以渔。"对 21 世纪的数学教育来说, 也是如此。现在已经有了那么多不同的数学技能, 并且新的技能也一直在发展之中, 想在 K-16 教育中完全包含它们是不可能的。到一名大学新生毕业参加工作时, 那些在大学里学过的许多具体的技能很可能已不再重要了, 而新的技能却大为风行。教育的重点必须是学习如何去学。

数学中不断增长的复杂度使得 19 世纪的数学家将对计算技能的关注转移 (或扩张, 如果你喜欢这样说的话) 到对潜在的、基本的、概念性的思考能力的关注上。一百五十年后的今天, 在更复杂的数学的协助下, 社会又发生了改变。关注点的转移不再仅仅对数学家很重要, 而是对每个人都很重要, 如果他们是以要将数学应用于现实的心态来学习数学的话。

所以, 现在你不仅知道了为什么 19 世纪的数学家转移了数学研究的关注点, 而且也知道了为什么从 20 世纪 50 年代开始, 大学里学数学的学生也被要求掌握概念性数学思维。换句话说, 现在你知道了为什么你的大学想让你学这门过渡课程 (或参考这本书)。但愿你现在也意识到了为什么这对*你*的生活如此重要, 而不仅仅是为了解决通过大学数学课程的燃眉之急。

第2章

语言的精确化

美国黑素瘤基金会（American Melanoma Foundation）在其2009年的情况说明书中声明：

One American dies of melanoma almost every hour.

（一个美国人几乎每小时都死于黑素瘤。）

在一个数学家看来，这样一条声明不免会令人发笑，有时甚至是令人叹息。这并不是因为数学家对失去生命的不幸缺乏同情心。如果你逐字地读这个句子，你会发现它根本没能表达 AMF 的原意。这个句子实际上说，有一个不幸的美国人 X，他拥有能够几乎瞬时满血复活的特异功能，但每个小时都会死于黑素瘤。AMF 的作者应该把这句话写成

Almost every hour, an American dies of melanoma.

（几乎每个小时，都有一个美国人死于黑素瘤。）

这种语言的误用非常常见，多得以至于可以说这并不能算是真的误用。每个人都会按照第二个句子的意思来理解第一个

句子。这样的句子成为了一种修辞。除了数学家和其他一些职业中需要用到精确描述的人，几乎没人会注意到，如果按照字面理解，第一句话实际上给出了一个荒谬的声明。

在日常语境中，当作家或演说家用语言谈论日常情形时，他们与他们的读者或听众通常对写作或演说的内容都有共识，而凭借该共识后者能推断出前者的本意。然而，当数学家（和科学家）在他们的工作中使用语言时，他们之间的共识往往有限，或者甚至没有，因为每个人都各自处于一个发现的过程当中。此外，在数学中，对于精确的需求是怎么强调都不为过的。因此，数学家研究数学时对语言的运用依赖于字面理解。这意味着，他们必须注意他们所写或所说的每字每句。

这也是通常要给刚接触大学数学的学生上一门教授他们如何精确使用语言的过渡课程的原因之一。鉴于日常语言的丰富性与宽泛性，这听起来可能是一项大工程。不过，数学中使用的语言受到的约束很多，从而这项任务实际上并没有那么重。唯一的难点是，学生必须学着消除草率措辞（尽管我们在日常生活中对此已经习以为常了），并相应地掌握一种高度受限的、严谨的（以及有些程式化的）写作方式和说话方式。

2.1 数学陈述

现代纯数学主要考虑的是有关**数学对象**的**陈述**。

数学对象是诸如整数、实数、集合、函数之类的东西。数学陈述的例子则有：

(1) 存在无穷多个素数。

(2) 对每个实数 a，方程 $x^2 + a = 0$ 都有一个实根。

(3) $\sqrt{2}$ 是无理数。

(4) 若 $p(n)$ 表示小于等于自然数 n 的素数个数，则当 n 变得非常大时，$p(n)$ 趋于 $n/\log_e n$。

数学家不仅对上述类型的陈述感兴趣，他们还对知道哪些陈述为真，哪些陈述为假更感兴趣。例如，在上述陈述中，(1)、(3)、(4) 为真，而 (2) 为假。与科学不同，各条陈述的真假并不是由观察、测量或者实验说明的，而是由**证明**说明的。在接下来的课程中，我将对这一点进行详细阐述。

(1) 的真实性可由欧几里得的一个巧妙论证证明。[①]它的思路是，证明若我们将素数按逐项递增的顺序列出，

$$p_1, \ p_2, \ p_3, \ \ldots, \ p_n, \ \ldots,$$

则该列表必能一直继续写下去。（该序列最初的几个素数为：$p_1 = 2, \ p_2 = 3, \ p_3 = 5, \ p_4 = 7, \ p_5 = 11, \ \ldots$）

考虑该列表写到第 n 步时的情况：

$$p_1, \ p_2, \ p_3, \ \ldots, \ p_n.$$

目标是证明存在一个能被加入该列表的新素数。如果我们能对任意值的 n 证明这一点，那么就能马上推出该列表是无穷的。

令 N 为我们将目前列出的所有素数相乘并加 1 得到的数，即

$$N = (p_1 \cdot p_2 \cdot p_3 \cdot \ldots \cdot p_n) + 1.$$

显然，N 比我们列表上的所有素数都大。所以如果 N 为素数，那么我们便知道存在一个比 p_n 大的素数，因而该列表可以继续

---

①该证明用到了第 4 章将介绍的关于素数的基本事实，但大多数读者可能已经熟悉所需知识。

下去。(我们并没有说 N 就是下一个素数。事实上，N 将比 p_n 大很多，所以不太可能是下一个素数。)

现在让我们看看若 N 不是素数时，情况会怎样。若如此，则必然存在一个小于 N 的素数 q 能整除 N，但由于 N 被 p_1，…，p_n 中的任何一个除都余 1，故 p_1，…，p_n 中没有一个能整除 N。因此，q 必然比 p_n 大。所以我们再次得到一个比 p_n 大的素数，故列表仍能继续下去。

由于上述论证从任何方面来说都不依赖于 n 的值，故我们能够推出存在无穷多个素数。

很容易证明例 (2) 为假。因为没有平方为负数的实数，所以方程 $x^2 + 1 = 0$ 没有实根。由于至少存在一个 a (即 $a = 1$)，使得方程 $x^2 + a = 0$ 没有实根，我们能推断出陈述 (2) 为假。

稍后我将给出 (3) 的证明。唯一已知的 (4) 的证明极其复杂，以至于不能被收入像这样一本入门性教材中。

显然，在我们能证明某个陈述的真假之前，我们必须要能准确理解该陈述说的是什么。最重要的一点是，数学是一门非常**精确**的学科，它的表达式需要相当精确。这已然制造了一种困难，因为文字容易含糊不清，而且在现实生活中，我们对语言的应用也鲜少是精确的。

特别是，当我们在日常生活情境下使用语言时，我们经常依靠语境确定我们的话语所传达的信息。一个美国人可以说"七月是夏季月份"，这是真实的，而这句话如果由一个澳大利亚人说出来，则是虚假的。词语"夏天"在两句话中都是相同的意思 (即一年当中最热的三个月份)，但它在美国指的是一年中的某一部分，而在澳大利亚指的是另一部分。

举另一个例子, 短语"小啮齿动物"中的"小"一词的意思与它在短语"小象"中的意思是不同的 (从尺寸上说)。大多数人会认同小啮齿动物是小动物, 而小象则肯定不是小动物。"小"一词指代的尺寸范围会随着它所应用到的实体不同而变化。

在日常生活中, 我们用语境和生活常识去填补文字或话语中缺失的信息, 消除歧义性所带来的错误理解。

例如, 我们需要知道上下文才能正确地理解这条陈述:

The man saw the woman with a telescope.

谁拥有望远镜? 是男人 (男人用一副望远镜看女人) 还是女人 (男人看见女人带着一副望远镜)?

草草拟定的含糊不清的新闻标题有时会引起意外但有趣的二次阅读。在这些年见过的这种标题中, 我最喜欢的有:

- Sisters reunited after ten years in checkout line at Safeway. (十年后, 姐妹在西夫韦超市的结账柜台团聚。/姐妹在西夫韦超市的结账柜台排了十年队后团聚。)

- Prostitutes appeal to the Pope. (妓女向教皇申诉。/教皇被妓女吸引。)

- Large hole appears in High Street. City authorities are looking into it. (主街上出现大洞, 市政当局正在调查此事。/市政当局正在朝主街上出现的大洞中看。)

- Mayor says bus passengers should be belted. (市长说巴士乘客应当系安全带。/市长说巴士乘客应当被痛打。)

系统化地把英语变得精确 (通过**精确地**定义每个词语的意思) 是一件不可能的任务, 也是不必要的, 因为人们通常通过语境与背景知识进行理解, 这样也就够了。

但在数学中, 情况就不一样了。精确是至关重要的, 并且也不能为了消除歧义而假定各方都拥有相同的语境与背景知识。此外, 由于数学结果经常被用于科学与工程中, 由有歧义的信息引起的错误传递可能会付出很高的代价, 有时甚至很可能是致命的。

乍一看, 使数学中的语言运用充分精确似乎是一个极其艰巨的任务。但幸运的是, 数学陈述所特有的高度受限的性质使实现这个任务成为了可能。数学中每一条关键陈述 (公理、猜想、假设以及定理) 不外乎以下四种语言形式之一的肯定式或否定式。

(1) 对象 a 具有性质 P。

(2) 每个 T 类对象都具有性质 P。

(3) 存在一个具有性质 P 的 T 类对象。

(4) 若陈述 A, 则陈述 B。

要么是用联结词"与"、"或"、"非"将这些形式的子陈述组成的简单组合。

例如,

(1) 3 是素数。/10 不是素数。

(2) 每个多项式方程都有复根。/每个多项式方程都有实根是不对的。

(3) 20 和 25 之间有一个素数。/没有一个大于 2 的偶数是素数。

(4) 若 p 为形如 $4n+1$ 的素数, 则 p 是两个平方数的和。

最后一条关于形如 $4n+1$ 的素数的陈述, 是高斯的一条著名定理。

在日常工作中, 数学家经常使用这些形式的更为流畅的变体，比如"不是每个多项式方程都有实根"或者"除了 2，没有一个偶数是素数"。但那些仅仅是变体而已。

似乎是古希腊数学家最先注意到，所有的数学陈述都可以用这些简单形式中的一种来表述。他们对其中所使用的语言（具体来说，就是"与"、"或"、"非"、"蕴涵"、"对全部的"、"存在"等术语）进行了系统化的研究，给出了这些关键术语被普遍接受的含义并分析了它们的行为。现在这种形式化的数学研究被称为**形式逻辑**或者**数理逻辑**。

作为一门成型的数学分支，大学的数学系、计算机科学系、哲学系和语言学系都对数理逻辑进行了研究和使用。（相较于古希腊时期由亚里斯多德及其追随者以及斯多葛学派逻辑学家所做的早期工作，现在这门学科已变得复杂得多了。）

一些数学过渡课程和教科书包含了对数理逻辑中较基础部分的简短介绍（我在《集合、函数与逻辑》一书中就是这样做的）。不过对于掌握数学思维来说，这并不是必需的。（许多专业数学家实际上对数理逻辑一无所知。）因此，在本书中，我将走一条不那么形式化但仍然严谨的路。

练习 2.1.1

1. 你如何证明并非每个形如 $N = (p_1 \cdot p_2 \cdot p_3 \cdot \ldots \cdot p_n) + 1$ 的数都是素数，这里 p_1，p_2，p_3，…，p_n，… 为所有素数的列表？

2. 将对"The man saw the woman with a telescope"一句的两种理解分别用两个句子表述出来，使它们表达清晰，不会引起歧义（同时读起来也不会让人觉得别扭）。

3. 把我之前给出的四条有歧义的新闻标题都重写一遍，使它们在保持标题典型的简洁性的同时，避免令人忍俊不禁的第二种意味。

(a) Sisters reunited after ten years in checkout line at Safeway.

(b) Prostitutes appeal to the Pope.

(c) Large hole appears in High Street. City authorities are looking into it.

(d) Mayor says bus passengers should be belted.

4. 医院急诊室的墙上张贴着这样一条通知：

NO HEAD INJURY IS TOO TRIVIAL TO IGNORE.

重写这句话，使它避免意料之外的第二种理解。(这句话所处的语境很强，使得很多人都想不到其中还有另外一种意味。)

5. 你经常能在电梯中看到如下布告：

IN CASE OF FIRE, DO NOT USE ELEVATOR.

这句话常常让我觉得很有趣。对它的两种理解发表看法并且重写这句话，使它避免意料之外的第二种理解。(同样地，这条布告的语境使其中含糊不清的地方不会带来理解上的问题。)

6. 官方文件通常包含一页或者更多这样的页面，它们除了底部有一句声明，其余部分均为空白：

This page intentionally left blank. (本页为白页。)

这句声明是否为真? 这句声明的目的是什么? 怎样重写这个句子，使它避免产生任何有关真实性判断的逻辑性问题? (再一次地，这句话的语境使得实际上所有人都明白这句话的本意，从而不会引起问题。然而在 20 世纪初，数学上一个相似的句子的构造摧毁了一位杰出数学家的重要工作，并引发了数学中某个分支的一次全面性的巨大变革。)

7. 在出版物中找出三个字面意义（明显）不是作者本意的句子。(这可能比你想象的要容易得多。语言的模棱两可十分常见。)

8. 评论一下句子 "The temperature is hot today"（今天温度很热）。你经常听到人们这样说，并且每个人也都明白它的意思。但在数学中，这样草率地使用语言是非常糟糕的。

9. 提供这样一个语境以及该语境中的一个句子，其中"与"字连续出现五次，并且这五个"与"之间没有其他联结词。(你可以使用标点。)

10. 提供这样一个语境以及该语境中的一个句子,其中"与"、"或"、"与"、"或"、"与"顺次出现,并且在它们之间没有其他联结词。(你仍然可以使用标点。)

2.2 逻辑联结词"与"、"或"、"非"

为了使我们的语言运用更加精确,我们首先要对关键联结词"与"、"或"、"非"确立精确而不含糊的定义。("蕴涵"、"等价于"、"对全部的"以及"存在"等其他术语更复杂,所以我们稍后再处理它们。)

联结词"与"

我们需要能够把两句声明合为一句。例如,我们或许想表述 π 比 3 大,并且比 3.2 小。于是联结词"与"必不可少。

有时候,为了能够得到一个完全符号化的表达式,我们引入"与"的一个缩写。最常见的有

$$\wedge, \quad \&.$$

本书中我将使用前者。因此,表达式

$$(\pi > 3) \wedge (\pi < 3.2)$$

说的是:

$$\pi \text{ 比 } 3 \text{ 大,并且比 } 3.2 \text{ 小。}$$

即 π 的值介于 3 与 3.2 之间。我们用联结词"与"不会带来任何误解。如果 ϕ 和 ψ 是任意两条数学陈述,那么

$$\phi \wedge \psi$$

则是这两条陈述的联合论断（它可能正确，也可能不正确）。符号 ∧ 被称为**楔**，不过表达式 $\phi \wedge \psi$ 通常被读作"ϕ 与 ψ"。

$\phi \wedge \psi$（或者 $\phi \,\&\, \psi$）这种联合的陈述被称为 ϕ 与 ψ 的**合取**，并且 ϕ 和 ψ 被称为该陈述组合的**合取项**。[①]

注意到，若 ϕ 和 ψ 都为真，则 $\phi \wedge \psi$ 也为真。然而，如果 ϕ 和 ψ 中有一个为假，或者两个都为假，那么 $\phi \wedge \psi$ 也为假。也就是说，要想合取为真，则合取项也必须都为真。只要其中一个合取项为假，那么合取就为假。

需要注意的一点是，在数学中"与"（and）是和顺序无关的：$\phi \wedge \psi$ 和 $\psi \wedge \phi$ 的意思一样。不过当我们在日常生活中使用"and"时，情况就不一定如此了。例如，

John took the free kick and the ball went into the net

和

The ball went into the net and John took the free kick

的意思并不一样。

数学家有时候使用特殊的记号来表示两个陈述的合取。例如，当讨论实数时，我们通常用

$$a < x \leqslant b$$

来代替

$$(a < x) \wedge (x \leqslant b).$$

[①]对数学中所用的词语和概念引入形式化的定义，就像我们在这里所做的，是一种惯常做法。如果术语都不统一，精确性也就无从谈起了。同样地，法律合同中也经常会有一整节的内容，用来明确定义不同术语的含义。

练习 2.2.1

1. 合取这个数学概念表达出了日常语言中"and"的意思。这句话是对还是错? 解释你的回答。

2. 尽量简化下列符号化陈述,把你的答案写成标准的符号形式。(如果你对这些记号还不太熟悉,可以参考我给出的第一个答案。)

   (a) $(\pi > 0) \wedge (\pi < 10)$ (答案: $0 < \pi < 10$.)

   (b) $(p \geqslant 7) \wedge (p < 12)$

   (c) $(x > 5) \wedge (x < 7)$

   (d) $(x < 4) \wedge (x < 6)$

   (e) $(y < 4) \wedge (y^2 < 9)$

   (f) $(x \geqslant 0) \wedge (x \leqslant 0)$

3. 用日常语言表达问题 2 中简化后的每条陈述。

4. 你会采用怎样的策略证明合取 $\phi_1 \wedge \phi_2 \wedge \ldots \wedge \phi_n$ 为真?

5. 你会采用怎样的策略证明合取 $\phi_1 \wedge \phi_2 \wedge \ldots \wedge \phi_n$ 为假?

6. 考虑 $(\phi \wedge \psi) \wedge \theta$ 和 $\phi \wedge (\psi \wedge \theta)$ 这两个合取,是否可能其中一个为真而另一个为假? 或者说,合取是否具有结合律? 证明你的回答。

7. 下列哪个可能性更大?

   (a) 爱丽丝是一个摇滚明星,并且在银行工作。

   (b) 爱丽丝很文静,并且在银行工作。

   (c) 爱丽丝文静、保守,并且在银行工作。

   (d) 爱丽丝很诚实,并且在银行工作。

   (e) 爱丽丝在银行工作。

   如果你认为没有确定的答案,你也可以这样回答。

8. 在下表中,T 表示"真"而 F 表示"假"。前两列给出了 ϕ 和 ψ 这两句陈述所有可能的 T 和 F 的真值组合。第三列应该给出根据 ϕ 和 ψ 的每一个真

值赋值 (T 或者 F) 而得出的 $\phi \wedge \psi$ 的真值 (T 或者 F)。

ϕ	ψ	$\phi \wedge \psi$
T	T	?
T	F	?
F	T	?
F	F	?

填写最后一列。最后得到的表格就是一个"命题真值表"。

联结词"或"

我们希望能够说陈述 A 为真，或陈述 B 为真。譬如，我们可能想说

$$a > 0 \text{ 或方程 } x^2 + a = 0 \text{ 有一个实根,}$$

又或者我们可能想说

$$\text{如果 } a = 0 \text{ 或 } b = 0, \text{ 那么 } ab = 0。$$

这两个简单的例子表明，我们可能会遇到有歧义的情形。在上述两种情形中，"或"的意思是不一样的。在第一条论断中，两种情形不可能同时发生。此外，即便我们在句子中使用"要么……要么……"，句子的意思也不会改变。而在第二条论断中，a 和 b 很可能都为 0。[①]

然而，数学中不允许出现由"或"这样的常用词引起的潜在歧义。人们发现用包含性的或更方便。于是，只要我们在数学中

[①] 即便我们改写第二条论断，在其中使用"要么……要么……"，我们仍可能将它理解成两种情况（$a = 0$ 和 $b = 0$）同时发生，因为使用"要么……要么……"只能在明确表达两种情形不能同时发生的论断中起到加强排他性的作用，就好像在第一条论断中时那样。

用到"或",我们表示的总是包含性的或。也就是说,如果 ϕ 和 ψ 是数学陈述,那么"ϕ 或 ψ"说的是,ϕ 和 ψ 中至少有一个是正确的。我们用符号

$$\vee$$

表示包含性的或。因此,

$$\phi \vee \psi$$

意为,ϕ 和 ψ 中至少有一个是正确的。符号 $\vee$ 被称为**V 型符号**,但数学家通常把 $\phi \vee \psi$ 读作"ϕ 或 ψ"。

我们把 $\phi \vee \psi$ 称为 ϕ 和 ψ 的**析取**,而把 ϕ 和 ψ 作为该陈述组合的**析取项**。

若要析取 $\phi \vee \psi$ 为真,只要 ϕ 和 ψ 中有一个为真就够了。

例如,下面这个(相当愚蠢的)陈述为真:

$$(3 < 5) \vee (1 = 0).$$

尽管这是一个愚蠢的例子,但你应该停下来思考一下,确保自己明白了为什么这条陈述不仅从数学的角度来说是有意义的,而且它的确是对的。愚蠢的例子在帮助理解微妙的概念上往往很有用,而析取就很微妙。

练习 2.2.2

1. 尽量简化下列符号化陈述,把你的答案写成标准的符号形式(假定你已经熟悉了这种记号):

    (a)　$(\pi > 3) \vee (\pi > 10)$

    (b)　$(x < 0) \vee (x > 0)$

    (c)　$(x = 0) \vee (x > 0)$

(d) $(x > 0) \vee (x \geqslant 0)$

(e) $(x > 3) \vee (x^2 > 9)$

2. 用日常语言表达问题 1 中简化后的每条陈述。

3. 你会采用怎样的策略证明析取 $\phi_1 \vee \phi_2 \vee \ldots \vee \phi_n$ 为真?

4. 你会采用怎样的策略证明析取 $\phi_1 \vee \phi_2 \vee \ldots \vee \phi_n$ 为假?

5. 考虑 $(\phi \vee \psi) \vee \theta$ 和 $\phi \vee (\psi \vee \theta)$ 这两个析取, 是否可能其中一个为真而另一个为假? 或者说, 析取是否具有结合律? 证明你的回答。

6. 下列哪个可能性更大?

    (a) 爱丽丝是一个摇滚明星或她在银行工作。

    (b) 爱丽丝很文静, 并且在银行工作。

    (c) 爱丽丝是一个摇滚明星。

    (d) 爱丽丝很诚实, 并且在银行工作。

    (e) 爱丽丝在银行工作。

如果你认为没有确定的答案, 你也可以这样回答。

7. 为下面的真值表填写最后一列:

ϕ	ψ	$\phi \vee \psi$
T	T	?
T	F	?
F	T	?
F	F	?

联结词 "非"

许多数学陈述都涉及否定, 即声称某个陈述为假。

若 ψ 为任意陈述, 则

$$非 \ \psi$$

是说 ψ 为假的陈述。它被称为 ψ 的**否定**。

因此, 如果 ψ 是一个真的陈述, 那么非 ψ 便是一个假的陈述,并且如果 ψ 是一个假的陈述,那么非 ψ 便是一个真的陈述。现如今,非 ψ 最常用的缩写是

$$\neg\psi.$$

不过更早的教科书中有时会用 $\sim\psi$ 来表示非 ψ。

在某些情况下,我们会用否定的特殊表示。例如,我们通常用人们更熟知的

$$x \neq y$$

来代替

$$\neg(x = y).$$

另一方面,我们可能会用

$$\neg(a < x \leqslant b)$$

来代替

$$a \not< x \not\leqslant b,$$

因为后者会有歧义。(我们可以把它写得精确一点,但那样看起来又似乎不太优美,从而数学家没有这么做。)

尽管"非"的数学用法与它的日常用法相当,但在日常话语中,否定的用法有时也会非常不严谨,所以你也必须小心谨慎。例如,陈述

$$\neg(\pi < 3)$$

不会引起误解,它的意思很清楚:

$$\pi \geqslant 3,$$

后者恰巧也和

$$(\pi = 3) \vee (\pi > 3)$$

一样。但考虑如下陈述：

> 所有的进口车都造得不好。

这句陈述的否定是什么？譬如，是否为下列陈述中的一个？

(a) 所有的进口车都造得很好。

(b) 所有的进口车都造得不赖。

(c) 至少有一台进口车造得很好。

(d) 至少有一台进口车造得不赖。

初学者的一个常见错误是选择 (a)，但很容易看出这是错的。原来的陈述当然为假，因此它的否定将为真，而 (a) 显然不为真！(b) 也不为真。所以现实地考虑一下，我们将得知，如果从上面的列表中能找到正确答案的话，那么它不是 (c) 就是 (d)。（稍后我们将看到如何用形式化数学论证来排除 (a) 和 (b)。）

　　事实上，(c) 和 (d) 两者都能算作我们原来的陈述的否定。（任何一台制造精良的进口车都能验证 (c) 和 (d) 的真实性。）你认为哪一个最接近原来的陈述所对应的否定？

　　稍后我们会回到这个例子，但现在我们暂时把它放到一边。注意到原来的陈述关注的仅是进口车，因此它的否定式也将仅仅讨论进口车。于是，它的否定式将不会涉及任何关于国产车的内容。譬如，陈述

> 所有的国产车都造得很好

不能作为我们原来的陈述的否定。事实上，知道我们原来的陈述

是否为真根本不能帮助我们判断上面这条陈述是否为真。可以肯定的是，在这样的语境下，"国产"是"进口"的反义词，但我们是在否定整条论断，而不仅仅是其中出现的形容词。

现在你大概可以领悟到，为什么分析数学中语言的运用如此重要。在关于车的例子中，我们能够运用对现实世界的了解来辨别真假。然而，当面临数学问题时，我们往往没有足够多的背景知识。我们写下的陈述可能就是我们所了解的全部。

练习 2.2.3

1. 尽量简化下列符号化陈述，把你的答案写成标准的符号形式（假定你已经熟悉了这种记号）：

   (a) $\neg(\pi > 3.2)$

   (b) $\neg(x < 0)$

   (c) $\neg(x^2 > 0)$

   (d) $\neg(x = 1)$

   (e) $\neg\neg\psi$

2. 用日常语言表达问题 1 中简化后的每条陈述。

3. 证明 $\neg\phi$ 为真是否等同于证明 ϕ 为假？解释你的回答。

4. 为下面的真值表填写最后一列：

ϕ	$\neg\phi$
T	?
F	?

5. 令 D 为陈述"美元很坚挺"，令 Y 为陈述"人民币很坚挺"，令 T 为陈述"新的中美贸易协议已签署"。用逻辑记号表达下列每一条（虚拟的）新闻标题的主要内容。（记住，逻辑记号能够捕捉到事实的真假，但不能体现出日常语言中的许多微妙之处及弦外之音。）准备好解释你的回答并为之辩护。

   (a) 美元和人民币都很坚挺。

(b) 在美元疲软的消息流出后，贸易协议谈判失败了。

(c) 新的贸易协议出台后，美元出现疲软但人民币却很坚挺。

(d) 美元的坚挺意味着人民币的疲软。

(e) 尽管新的贸易协议出台了，但人民币还是很疲软而美元却依旧坚挺。

(f) 美元和人民币不能同时保持坚挺。

(g) 如果签署了新的贸易协议，那么美元和人民币便不能同时保持坚挺。

(h) 新的贸易协议无法阻止美元和人民币的贬值。

(i) 中美贸易协议失败了，但美元和人民币都依旧坚挺。

(j) 新的贸易协议将会对一方有利，但没人知道是哪一方。

6. 在美国法律中，当原告不能证明被告有罪时，法官将给出"无罪"判决。当然，这并不意味着被告真的无罪。当我们用数学意义下的"非"时，是否能精确地表达该事件的状态？（即"无罪"和"¬ 罪"是否具有相同意味？）如果我们将问题改成，"未被证明有罪"和"¬ 被证明有罪"是否具有相同意味，这时情况又如何？

7. ¬¬ϕ 的真值表与 ϕ 自己的真值表相同，所以这两个表达式会给出相同的关于真实性的判断。然而日常生活中的否定却并不一定如此。例如，你可能会说"我并不是不满意这部电影"。用形式化的否定来说，它具有形式"¬ (¬ 满意)"，但你的陈述显然并不意味着你对电影满意。事实上，它表达的意味远没有那么正面。在我们所讨论的这种形式化框架下，你如何体现这种语言运用？

2.3 蕴涵

现在情况变得相当棘手。你可能会困惑一段时间，在这段时间内你要振作精神，直到你脑子里的那些思绪变得清晰。

在数学中，我们经常会碰到这种形式的表达式：

$$\phi \text{ 蕴涵 } \psi. \tag{$*$}$$

事实上，蕴涵为我们提供了从最初的观察或公理出发去证明陈述的手段。但问题是，形如 (*) 的一条论断的意思是什么？

假定它具有如下意义：

如果 ϕ 为真，那么 ψ 也必须为真。

这似乎也合情合理。但我会用一些仔细考究过的、如律师一般严谨的措辞来引入该论断可能的含义，这些措辞将表明，上面那样做是靠不住的。

假定我们用 ϕ 指代"$\sqrt{2}$ 是无理数"这条真实论断（我们将在后面证明这条论断），用 ψ 指代"$0 < 1$"这条真实论断，那么表达式 (*) 是否为真？换句话说，$\sqrt{2}$ 的无理性能否推出 0 比 1 小？当然不能。在这个情形中，ϕ 和 ψ 这两条陈述之间并没有什么有意义的联系。

这里的要点是，"蕴涵"意味着因果关系。在联结词"与"和"或"的情形中，我们并不需要考虑这一点。两条陈述即便完全无关，也不影响我们把它们合并或者分离。例如，判断下面这两条陈述的真假很容易：

$$(\text{尤利乌斯·恺撒已死}) \wedge (1 + 1 = 2),$$

$$(\text{尤利乌斯·恺撒已死}) \vee (1 + 1 = 2).$$

（我再次使用了一个无聊的例子来描述一个微妙的观点。由于数学通常被用于现实世界的情境，我们可能也会遇到将数学与现实世界这两个领域的情况组合在一起的陈述。）

因此，在采用了"与"、"或"、"非"的精确意义后，我们便能忽略陈述中成分的实际含义，而将注意力完全放在它们的真值上（即陈述是真还是假）。

　　在这个过程中，我们的确需要作出选择，使某些术语与其在日常语言中的对应物的意思不一样。我们需要确保"或"意味着包含性的或，而对于"非"则采用了一种极少主义的阐释（让人联想到法庭中"未被证明有罪"的裁决）。

　　对于"蕴涵"，我们将要采用一种类似的方法使其意义明确，使它的意义只与真值有关。但在这种情况下，我们需要做得更为激进：为了避免任何可能的混淆，我们将不得不换用不同的术语，而不用"蕴涵"一词。

　　正如我前面提到的，这里的问题是，当我们说"ϕ 蕴涵 ψ"时，我们想指的是，ϕ 以某种方式引起或带来 ψ。这使得 ψ 的真实性来自于 ϕ 的真实性。然而，**真实性本身并没有全部捕捉到"蕴涵"一词的含义**，甚至都还差得十万八千里。所以除非我们真的是想表示那个意思，否则我们最好避免使用"蕴涵"一词。

　　我们将要采用的方法是，将"蕴涵"的概念拆成两部分，真实性的部分和因果关系的部分。真实性的部分通常被称作**条件式**，有时候也被叫作**实质条件式**。因此，我们有如下关系：

$$蕴涵＝条件式＋因果关系.$$

　　我们将用符号 $\Rightarrow$ 来表示条件式算子。因此，

$$\phi \Rightarrow \psi$$

表示"ϕ 蕴涵 ψ"的真实性部分。

　　（现代数理逻辑教科书通常用单箭头 $\rightarrow$ 代替 $\Rightarrow$，但为了避免与你的数学教育中稍后可能会遇到的函数记号相混淆，我将使用更老式的双箭头记号来表示条件式。）

任何具有形式

$$\phi \Rightarrow \psi$$

的表达式叫作**条件表达式**，或简单地叫作**条件式**。我们称 ϕ 为条件式的**前项**，ψ 为**后项**。

条件式的真假将完全由前项和后项的真假定义。也就是说，条件式 $\phi \Rightarrow \psi$ 的真实与否完全取决于 ϕ 和 ψ 的真实与否，而无须考虑 ϕ 与 ψ 之间是否存在任何有意义的关联。

这个方法之所以被证实很有效，是因为在所有的 ϕ 与 ψ 之间存在真实且有意义的蕴涵关系的情况下，条件式 $\phi \Rightarrow \psi$ 的确与该蕴涵关系相一致。

换句话说，事实证明，只要存在真实的蕴涵关系，我们定义的概念 $\phi \Rightarrow \psi$ 就能体现"ϕ 蕴涵 ψ"的含义。不过，我们的概念延伸得更广，并涵盖了所有这样的情况：我们知道 ϕ 和 ψ 的真假，但两者之间并没有有意义的关联。

由于我们忽略了因果关系，而这是蕴涵概念相当重要的一个方面，我们的定义可能（并且实际上）最终会带来反直觉的、甚至可能是荒谬的结果。不过，这些结果将仅限于不存在真实蕴涵关系的情况。

于是我们面临的任务是，制定规则，使其能让我们完成下面的真值表：

ϕ	ψ	$\phi \Rightarrow \psi$
T	T	?
T	F	?
F	T	?
F	F	?

第一条规则很容易。如果 ϕ 与 ψ 之间存在真实有效的蕴涵

关系, 那么 ϕ 的真实性便能够推出 ψ 的真实性。所以真值表的第一行各处都为 T:

ϕ	ψ	$\phi \Rightarrow \psi$
T	T	T
T	F	?
F	T	?
F	F	?

练习 2.3.1

1. 填写真值表的第二行。
2. 给出你那样填写的理由。

在我完成真值表的第二行 (从而告诉了你上面练习的答案, 所以你应该做完这些练习再继续往下读) 之前, 让我们看看, 在填写第一行时我们的选择带来了什么结果。

如果我们知道陈述 "$N > 7$" 为真, 那么我们就能推断出 "$N^2 > 40$" 为真。根据真值表的第一行,

$$(N > 7) \Rightarrow (N^2 > 40)$$

为真。这与真实的 (因果) 蕴涵的合理性是完全相容的: $N > 7$ 蕴涵 $N^2 > 40$。

但如果 ϕ 是真的陈述 "尤利乌斯·恺撒已死", 而 ψ 是真的陈述 "$\pi > 3$" 呢? 根据真值表的第一行, 条件式

$$(尤利乌斯·恺撒已死) \Rightarrow (\pi > 3)$$

的真值为 T。

在现实中，尤利乌斯·恺撒已死的事实当然与 π 比 3 大的事实没有关系。但这又有什么关系呢？条件式并没有说要表达因果关系或者任何确实有意义的关系。只有当你把条件式（⇒）理解成蕴涵时，[(尤利乌斯·恺撒已死)⇒ (π > 3)] 的真实性才有问题。为了使 [φ ⇒ ψ] 总能找到一个良好定义的真值（这是一个数学上有价值的性质），在定义 [φ ⇒ ψ] 时我们需要付出的代价是，我们必须习惯于严格按照定义理解条件式。

让我们继续为条件式填写真值表。如果 φ 为真而 ψ 为假，那么 φ 则不可能真正蕴涵 ψ。（为什么？好吧，如果蕴涵关系的确存在，那么 ψ 的真实性将**自动**由 φ 的真实性导出。）所以若 φ 为真而 ψ 为假，则不可能存在真实的蕴涵关系。因此，条件式 [φ ⇒ ψ] 也应该为假，而真值表现在像这样：

ϕ	ψ	$\phi \Rightarrow \psi$
T	T	T
T	F	F
F	T	?
F	F	?

练习 2.3.2

1. 填写真值表的第三、四行。

2. 给出你那样填写的理由。

　　（我马上就会讲第三、四行，所以在往下读之前你应该完成上面的练习。）

　　现在，你可能需要重回起点，回到我们开始讨论"蕴涵"的地方，并重新审视到目前为止我们所做过的事情。尽管这看起来有点多此一举，但这整个讨论是为数学基本概念提供精确定义的典型工作。

尽管讨论中所用的简单（并且往往愚蠢）的例子会让人觉得这只是一场没什么现实意义的思维游戏，但讨论得出的结论却与现实密切相关。下回你进飞机时，留意一下飞行控制软件，这些性命攸关的东西便使用了我们在这里所讨论的形式概念 $\land$、$\lor$、$\neg$ 以及 $\Rightarrow$。这些软件值得信赖的部分原因是，它们的系统绝不会遭遇没有定义真值的数学陈述。作为一个人，只有当一切都说得通时，你才会关心形如 $[\phi \Rightarrow \psi]$ 这样的陈述。但电脑系统并没有"说得通"这个概念，它们只处理二元逻辑中的真或者假。对于一个电脑系统而言，重要的是一切总能被精确定义，并有一个具体的真值。

一旦我们习惯于忽略所有关于因果关系的问题，我们很直接就能得知当条件式的前项为真时，整句的真值是什么。（如果不能的话，你应该返回去再读一遍先前的讨论。我建议你这么做并不是无的放矢！）但当前项为假时，真值表的最后两行应该怎样填写呢？

在处理这种情况时，我们不考虑蕴涵本身，而是考虑它的否定。我们从陈述"ϕ 不蕴涵 ψ"中提取出与因果关系无关的真值部分，并将它写成

$$\phi \nRightarrow \psi.$$

抛开 ϕ 和 ψ 之间是否存在有意义的因果关系的问题，将注意力集中在真值上，我们如何才能保证"ϕ 不蕴涵 ψ"是真的陈述？更确切地说，陈述 $\phi \nRightarrow \psi$ 的真假如何依赖于 ϕ 和 ψ 的真假？

好吧，从真值方面来说，当下面情况发生时，我们称 ϕ **不能**

蕴涵 ψ：**尽管** ϕ 为真，但 ψ **依旧**为假。

请再读一遍上句话。现在再读一遍。好了，现在我们已经准备好继续了。①

因此，当恰好发生如下情形，即 ϕ 为真而 ψ 为假时，我们把 $\phi \nRightarrow \psi$ 定义为真。

定义完 $\phi \nRightarrow \psi$ 的真值后，我们通过取否定便能得到 $\phi \Rightarrow \psi$ 的真值。当 $\phi \nRightarrow \psi$ 为假时，条件式 $\phi \Rightarrow \psi$ 便为真。

审视这个定义，我们能得到这样一个结论。只要下列任意一条成立，$\phi \Rightarrow \psi$ 就为真。

(1) ϕ 和 ψ 均为真。

(2) ϕ 为假而 ψ 为真。

(3) ϕ 和 ψ 均为假。

因此，完整的真值表看起来是这样的：

ϕ	ψ	$\phi \Rightarrow \psi$
T	T	T
T	F	F
F	T	T
F	F	T

需要指出的是，

(a) 我们是在**定义**一个概念（条件式），而这个概念仅仅表达了"蕴涵"的部分含义。

(b) 为了免去麻烦，我们将定义完全建立在真假赋值上。

(c) 我们的定义与我们对自己所关心的所有有意义的蕴涵

---

① 再想一下，为了确保这一点，也许你应该读第四遍。

情形的直觉相符。

(d) 对一个真前项的定义，是建立在对一个真实蕴涵关系的真值分析的基础上。

(e) 对一个假前项的定义，则是建立在对 ϕ 不蕴涵 ψ 的概念的真值分析的基础上。

总结一下，我们定义条件式的方式并不会导致一个与真实蕴涵关系**相矛盾**的概念。相反，我们得到了一个**扩展**了真实蕴涵关系的概念，使其能涵盖那些声明不恰当（前项为假）或者无意义（前项和后项之间并没有真实关联）的蕴涵关系的情形。在有意义的情形下，ϕ 和 ψ 有关，并且 ϕ 为真，即由真值表的前两行所反映的情形下，条件式的真值与实际的蕴涵关系的真值相同。

记住，正是由于条件式总是有一个良好定义的真值，这才使得这个概念在数学中很重要，因为在数学中（同样也在飞行控制系统中！），真值没有得到定义的陈述所带来的后果是我们无法承担的。

练习 2.3.3

1. 下列哪些为真，哪些为假?

    (a) $(\pi^2 > 2) \Rightarrow (\pi > 1.4)$

    (b) $(\pi^2 < 0) \Rightarrow (\pi = 3)$

    (c) $(\pi^2 > 0) \Rightarrow (1 + 2 = 4)$

    (d) $(\pi < \pi^2) \Rightarrow (\pi = 5)$

    (e) $(e^2 \geqslant 0) \Rightarrow (e < 0)$

    (f) $\neg(5\ \text{是整数}) \Rightarrow (5^2 \geqslant 1)$

    (g) (半径为 1 的圆的面积是 π) $\Rightarrow$ (3 是素数)

    (h) (正方形有三条边) $\Rightarrow$ (三角形有四条边)

  (i) (大象能爬树)⇒(3 是无理数)

  (j) (欧几里得的生日是 7 月 4 日)⇒(矩形有四条边)

2. 像在练习 2.2.3(5) 中那样，令 D 为陈述"美元很坚挺"，Y 为陈述"人民币很坚挺"，而 T 为陈述"新的中美贸易协议已签署"。用逻辑记号写出下列每一条（虚拟的）新闻标题的主要内容。（记住，逻辑记号能够捕捉到事实的真假，但却不能体现出日常语言中许多微妙之处与弦外之音。）像从前一样，准备好解释你的回答并为之辩护。

  (a) 新的贸易协议会使两国货币都保持坚挺。

  (b) 如果签署了新的贸易协议，那么人民币的升值就会造成美元的贬值。

  (c) 新的贸易协议签署后，美元疲软而人民币坚挺。

  (d) 美元的坚挺意味着人民币的疲软。

  (e) 新的贸易协议意味着美元和人民币将紧密联系在一起。

3. 完成下面的真值表。

ϕ	$\neg\phi$	ψ	$\phi\Rightarrow\psi$	$\neg\phi\vee\psi$
T	?	T	?	?
T	?	F	?	?
F	?	T	?	?
F	?	F	?	?

注意：$\neg$ 具有与算术及代数中的 $-$（减号）一样的结合规则。因此，$\neg\phi\vee\psi$ 和 $(\neg\phi)\vee\psi$ 意思一样。

4. 从上表中你能得出什么结论？

5. 完成下面的真值表。（还记得吗？$\phi\nRightarrow\psi$ 是 $\neg[\phi\Rightarrow\psi]$ 的另一种写法。）

ϕ	ψ	$\neg\psi$	$\phi\Rightarrow\psi$	$\phi\nRightarrow\psi$	$\phi\wedge\neg\psi$
T	T	?	?	?	?
T	F	?	?	?	?
F	T	?	?	?	?
F	F	?	?	?	?

6. 从上表中你能得出什么结论？

与"蕴涵"紧密相关的一个概念是"等价"。若两个陈述 ϕ 和 ψ 互相蕴涵，则它们被称为（**逻辑上**）**等价**。用条件式定义的类似的形式概念被称为**双条件式**。我们把双条件式写成

$$\phi \Leftrightarrow \psi$$

（现代逻辑教科书则使用 $\phi \leftrightarrow \psi$ 表示法）。双条件式被形式地定义为合取

$$(\phi \Rightarrow \psi) \wedge (\psi \Rightarrow \phi)$$

的缩写。回顾条件式的定义，这意味着，若 ϕ 和 ψ 均为真或均为假，则双条件式 $\phi \Leftrightarrow \psi$ 为真，并且若 ϕ 和 ψ 中一个为真而另一个为假，则 $\phi \Leftrightarrow \psi$ 为假。

证明两个逻辑表达式在双条件式意义下等价的一个方法是：证明它们的真值表相同。例如，考虑表达式 $(\phi \wedge \psi) \vee (\neg \phi)$。我们能如下逐列写出它的真值表：

ϕ	ψ	$\phi \wedge \psi$	$\neg \phi$	$(\phi \wedge \psi) \vee (\neg \phi)$
T	T	T	F	T
T	F	F	F	F
F	T	F	T	T
F	F	F	T	T

最后一列与 $\phi \Rightarrow \psi$ 的真值一致。因此，$(\phi \wedge \psi) \vee (\neg \phi)$ 在双条件式意义下与 $\phi \Rightarrow \psi$ 等价。

我们也能做出包含多于两个基本陈述的表达式的真值表，譬如 $(\phi \wedge \psi) \vee \theta$ 的，它包含三个基本陈述。但若表达式由 n 个陈述构成，则其真值表会有 2^n 行。所以 $(\phi \wedge \psi) \vee \theta$ 的真值表已经需要八行了！

练习 2.3.4

1. 构造一个真值表，以证明我之前的论断：若 ϕ 和 ψ 均为真或均为假，则 $\phi \Leftrightarrow \psi$ 为真，并且若 ϕ 和 ψ 中一个为真而另一个为假，则 $\phi \Leftrightarrow \psi$ 为假。(作为证明，你的真值表应该满足这样的要求，即按照每次增加一个操作的顺序，逐列显示出 $\phi \Leftrightarrow \psi$ 的演绎过程，就好像上一个练习中的那样。)

2. 构造一个真值表，证明

$$(\phi \Rightarrow \psi) \Leftrightarrow (\neg \phi \vee \psi)$$

对 ϕ 和 ψ 的所有真值都为真。我们把所有真值都为 T 的陈述称为**恒真式**，有时候也称为**重言式**。

3. 构造一个真值表，证明

$$(\phi \nRightarrow \psi) \Leftrightarrow (\phi \wedge \neg \psi)$$

是一个重言式。

4. 古希腊人制定了一条基本推理规则，用来证明数学陈述，该规则被称为**分离法则**。它说的是，如果你知道 ϕ 并且也知道 $\phi \Rightarrow \psi$，那么你就能推断出 ψ。

   (a) 为逻辑陈述

   $$[\phi \wedge (\phi \Rightarrow \psi)] \Rightarrow \psi$$

   构造一个真值表。

   (b) 解释你得到的真值表如何说明分离法则是一条合理的推理规则。

5. **模 2 算术**仅有两个数 0 和 1，并遵循通常的算术法则，再加上额外的规则 $1 + 1 = 0$。(这是数字计算机在每一位上所用的算术。) 完成下面的表格：

M	N	$M \times N$	$M + N$
1	1	?	?
1	0	?	?
0	1	?	?
0	0	?	?

6. 在你从上面的练习得到的表中，把 1 翻译成 T，把 0 翻译成 F，并把 M、N 看作陈述。

(a) 逻辑联结词 ∧、∨ 中的哪一个对应于 ×?

(b) 哪个逻辑联结词对应于 +?

(c) ¬ 是否对应于 −(减号)?

7. 重复上面的练习,但把 0 翻译成 T,把 1 翻译成 F。你能得出什么结论?

8. 下面的谜题由心理学家彼得·沃森(Peter Wason)于 1966 年引入,是推理心理学最著名的测试之一。大多数人都会做错。(所以别说我没提醒你)你面前的桌上摆了四张卡片。你被如实地告知它们每张都是一面印着字母,另一面印着数字,不过你当然只能看到每张卡片的其中一面。你看到的是:

B E 4 7

现在你被告知,你所看到的卡片,它们都是遵从这样一条规则而被抽取的:如果卡片的一面是元音,那么另一面就是一个奇数。为了验证这条规则,你必须最少翻动几张卡,并且哪些卡才是你实际必须翻动的?

有一些与蕴涵(即真实的蕴涵关系,而不仅仅是条件式)有关的术语,这些术语应该要马上掌握,因为数学讨论中到处都是这些术语。

在蕴涵

$$\phi \text{ 蕴涵 } \psi$$

中,我们称 ϕ 为**前项**,ψ 为**后项**。

下列所有表述的意思都一样:

(1) ϕ 蕴涵 ψ

(2) 若 ϕ 则 ψ

(3) ϕ 是 ψ 的充分条件

(4) 仅当 ψ 成立时,ϕ 才成立(如果 ψ 不成立,那么 ϕ 也不成立)

(5) 当 ϕ 成立时,ψ 一定成立

(6) 只要 ϕ 成立，ψ 就成立

(7) ψ 是 ϕ 的必要条件

前四个表述把 ϕ 放在 ψ 的前面，其中前三个的意思看起来很显然。不过在考虑 (4) 这种情形时，我们需要小心。注意 (4) 和 (5) 之间的对比，并关注 ϕ 和 ψ 的顺序。初学者经常在分辨**当**和**仅当**时遇到相当大的困难。

同样地，(7) 中使用的词语**必要条件**也经常引起困惑。注意，ψ 是 ϕ 的一个必要条件并不意味着单凭 ψ 自身便能保证 ϕ。确切地说，它指的是，在判断 ϕ 是否成立之前，必须先保证 ψ 成立，否则一切免谈。若该情况属实，则 ϕ 必须蕴涵 ψ。（有一些段落我强烈建议大家反复阅读数次，直至你确定已掌握要点，而这就是其中之一。至少再读一遍！）

下图也许能帮助你记住"必要条件"和"充分条件"之间的区别：

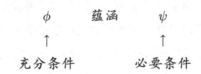

［想想 sun（太阳）这个词，它会提醒你充分条件（sufficient）和必要条件（necessary）的顺序。］

因为等价关系能分解为两边的相互蕴涵，所以上面的讨论能够推出下列表述也都是等价的：

(1) ϕ 与 ψ 等价

(2) ϕ 是 ψ 的充分必要条件

(3) ϕ 成立当且仅当 ψ 成立

词组"当且仅当"(if and only if)的一个常用缩写是 iff(有时也写作 iﬀ)。因此,我们经常用

$$\phi \text{ iff } \psi$$

来表示 ϕ 和 ψ 等价。

注意,如果我们严格要求的话,上述关于等价的术语的讨论是基于蕴涵和等价而进行的,而并非它们形式化的对应物 —— 条件式和双条件式。然而,数学家经常把符号 $\Rightarrow$ 作为蕴涵的缩写,而把 $\Leftrightarrow$ 作为等价于的缩写,所以这些不同的术语和形式化定义的符号往往被放在一起使用。

尽管这不可避免地会令初学者混淆,但这也是数学实践长久以来因循成习的做法,因此也就无法规避。面对这些表面看上去并不严谨的做法,你举手认输也完全无可厚非。尽管如此,如果某些字词需要用上一大段的讨论来加以解释,某些概念的形式化定义与它们在日常生活中的对应物并不一致(比如条件式和蕴涵之间的区别),那为什么数学家在一开始就发现这可能会引发问题的情况下,还是义无反顾地重投日常用语的怀抱呢?

下面就是专家们这样做的原因:在某些场合中,条件式和双条件式确实不同于蕴涵和等价,但这样的场合不会在正常的数学实践中出现。在任何真正的数学语境中,条件式"就是"蕴涵而双条件式"就是"等价。因此,在知道哪些场合中形式化概念与日常用语不一致后,数学家便转移了目标,把注意力放在别的东西上了。(计算机程序员和开发飞行控制系统的人可没有这样的自由。)

练习 2.3.5

1. 证明

$$\neg(\phi \wedge \psi) \text{ 和 } (\neg\phi) \vee (\neg\psi)$$

等价的一个方法是，证明它们有相同的真值表：

| | | | * | | | * |
ϕ	ψ	$\phi \wedge \psi$	$\neg(\phi \wedge \psi)$	$\neg\phi$	$\neg\psi$	$(\neg\phi) \vee (\neg\psi)$
T	T	T	F	F	F	F
T	F	F	T	F	T	T
F	T	F	T	T	F	T
F	F	F	T	T	T	T

由于被 * 标记的两列完全相同，所以我们知道这两个表达式是等价的。因此，否定能起到这样的效果：它能把 ∨ 变成 ∧，而把 ∧ 变成 ∨。证明这一点的另一个办法是，直接从第一条陈述的意思开始论证。

    1. $\phi \wedge \psi$ 意为 ϕ 和 ψ 均为真。

    2. 因此，$\neg(\phi \wedge \psi)$ 意为 ϕ 和 ψ 不是均为真。

    3. 若它们不是均为真，则至少 ϕ、ψ 之中有一个为假。

    4. 很显然，这和说 $\neg\phi$ 和 $\neg\psi$ 中至少有一个为真的意思是一样的（根据否定的定义）。

    5. 由或的定义，上述意思能够用 $(\neg\phi) \vee (\neg\psi)$ 表达出来。

给出一个类似的逻辑论证，证明 $\neg(\phi \vee \psi)$ 和 $(\neg\phi) \wedge (\neg\psi)$ 等价。

2. 我们用 ϕ 的否定来指代任何与 $\neg\phi$ 等价的陈述。给出下列每一条陈述的一个有用的否定。

    (a) 34,159 是素数。

    (b) 玫瑰是红色的而紫罗兰是蓝色的。

    (c) 如果没有汉堡，那么我就买一个热狗。

    (d) 弗雷德会离开但他不会去玩。

    (e) 数 x 要么为负数，要么比 10 大。

    (f) 我们会赢得第一场比赛或者第二场比赛。

3. 下面哪些条件是自然数 n 能被 6 整除的必要条件?

    (a) n 能被 3 整除。

    (b) n 能被 9 整除。

    (c) n 能被 12 整除。

    (d) $n = 24$。

    (e) n^2 能被 3 整除。

    (f) n 是偶数且能被 3 整除。

4. 练习 3 中,哪些条件是 n 能被 6 整除的充分条件?

5. 练习 3 中,哪些条件是 n 能被 6 整除的充要条件?

6. 令 m、n 为任意两个自然数,证明 mn 为奇数当且仅当 m 和 n 均为奇数。

7. 参照上题,mn 为偶数当且仅当 m 和 n 均为偶数是否为真?

8. 证明 $\phi \Leftrightarrow \psi$ 等价于 $(\neg \phi) \Leftrightarrow (\neg \psi)$。你如何将你的解答与上面的问题 6 和问题 7 联系起来?

9. 构造真值表以解释下列表达式。

    (a) $\phi \Leftrightarrow \psi$.

    (b) $\phi \Rightarrow (\psi \vee \theta)$.

10. 用真值表证明下列表达式等价。

    (a) $\neg(\phi \Rightarrow \psi)$ 和 $\phi \wedge (\neg \psi)$。

    (b) $\phi \Rightarrow (\psi \wedge \theta)$ 和 $(\phi \Rightarrow \psi) \wedge (\phi \Rightarrow \theta)$。

    (c) $(\phi \vee \psi) \Rightarrow \theta$ 和 $(\phi \Rightarrow \theta) \wedge (\psi \Rightarrow \theta)$。

11. 用逻辑论证来验证上题中 (b) 和 (c) 里的等价。(因此,比如在情况 (b) 中,你必须证明,假定 ϕ,能推出 $\psi \wedge \theta$,与假定 ϕ,能同时推出 ψ 和 θ,两者是一样的。)

12. 用真值表证明 $\phi \Rightarrow \psi$ 和 $(\neg \psi) \Rightarrow (\neg \phi)$ 等价。

    $(\neg \psi) \Rightarrow (\neg \phi)$ 被称为 $\phi \Rightarrow \psi$ 的**逆否命题**。一个条件式和它的逆否命题逻辑等价,意味着证明蕴涵关系的一个方法是证明其逆否命题。这是数学中常用的一种证明形式,我们稍后将会遇到它。

13. 写出下列陈述的逆否命题。

    (a) 若两矩形全等，则它们面积相等。

    (b) 若边为 a、b、c（c 最大）的三角形为直角三角形，则 $a^2 + b^2 = c^2$。

    (c) 若 $2^n - 1$ 为素数，则 n 为素数。

    (d) 若人民币升值，则美元会贬值。

14. 不要把条件式 $\phi \Rightarrow \psi$ 的逆否命题和它的**逆命题** $\psi \Rightarrow \phi$ 混为一谈, 这一点很重要。用真值表证明 $\phi \Rightarrow \psi$ 的逆否命题和它的逆命题并不等价。

15. 写下问题 13 中的四条陈述的逆命题。

16. 证明: 对任意两条陈述 ϕ 和 ψ, 要么 $\phi \Rightarrow \psi$ 为真，要么它的逆命题为真（或两者均为真）。这是条件式与蕴涵并不完全一致的又一佐证。

17. 用标准逻辑联结词来表达联结词

$$\phi \text{ 除非 } \psi.$$

18. 确定下列各条件式中的前项与后项。

    (a) 如果苹果红了，那么它们就能吃了。

    (b) 函数 f 可微是 f 连续的一个充分条件。

    (c) 若 f 可积，则其必有界。

    (d) 只要序列 s 收敛，则其必有界。

    (e) 若 $2^n - 1$ 为素数，则 n 必为素数。

    (f) 只有卡尔上场，该队才能赢。

    (g) 只要卡尔上场，该队必能赢。

    (h) 卡尔在场时，该队便会赢。

19. 写出上题中每个条件式的逆命题与逆否命题。

20. 令 $\dot\vee$ 表示"排他性的或", 后者对应于日常语言表达中"要么这个, 要么另外那个, 但不能两个都是"。为这个联结词构造一个真值表。

21. 用基本联结词 $\wedge$、$\vee$、$\neg$ 表示 $\phi \dot\vee \psi$。

22. 下列哪些命题对是等价的?

    (a) $\neg(P \vee Q)$ 和 $\neg P \wedge \neg Q$。

    (b) $\neg P \vee \neg Q$ 和 $\neg(P \vee \neg Q)$。

    (c) $\neg(P \wedge Q)$ 和 $\neg P \vee \neg Q$。

    (d) $\neg(P \Rightarrow (Q \wedge R))$ 和 $\neg(P \Rightarrow Q) \vee \neg(P \Rightarrow R)$。

(e) $P \Rightarrow (Q \Rightarrow R)$ 和 $(P \wedge Q) \Rightarrow R$。

23. 分别给出满足下列条件的真条件式的一个例子（如果可能的话）。

　(a) 其逆命题为真。

　(b) 其逆命题为假。

　(c) 其逆否命题为真。

　(d) 其逆否命题为假。

24. 你是某个年轻人聚会的负责人，其中有些人喝酒，而其他人喝软饮料。有些人已经到了能够饮酒的法定年龄，而有些人则还不到。你有职责确保大家不违反关于饮酒的法律，所以你要求每个人都把他/她的身份证放在桌上。有一张桌子坐了四个年轻人。一个年轻人拿着啤酒，另一个拿着可乐，但他们的身份证背面朝上，所以你看不到他们的年龄。不过你能看到另外两个人的身份证。一个人未满法定允许饮酒的年龄，而另一个已达到法定允许饮酒的年龄。不巧的是，你不确定他们是否是喝七喜还是伏特加和奎宁水。你需要确认哪些身份证和/或饮料以保证没有人违法？

25. 比较上题与沃森的问题（练习 2.3.4(8)）的逻辑结构。对你给出的两个问题的解答发表看法，特别是要指出你在解决问题时所使用的逻辑法则，说说哪道题更容易以及为什么你会觉得它更容易。

2.4　量词

　　还有两种（相互联系的）至关重要的表达和证明数学事实的语言结构，因此数学家必须要使它们很精确。它们是这两个**量词**：

存在，　对全部的。

在这里，量词的用法是独一无二的。在通常的用法中，量词是用来明确某些东西的数目或数量的。而在数学中，它被用来指代两种极端情况：**至少存在一个**和**对全部的**。采用这种受限的用法的原因是，数学真理具有特殊的性质。数学本身作为一门学科（相较于它在生活的其他领域和方面被当作工具的情况），它的核心（数学定理）大多数具有下列两种形式之一：

- 存在一个具有性质 P 的对象 x；
- 对全部的对象 x，性质 P 都成立。

我先讲存在性陈述的情况。存在性陈述的一个简单例子是：

$$方程 \ x^2 + 2x + 1 = 0 \ 有实根。$$

通过重新把这条论断写成如下形式，能使该论断的存在性特质更加明确：

$$存在一个实数 \ x，使得 \ x^2 + 2x + 1 = 0。$$

数学家使用符号

$$\exists x$$

来表示

$$存在 \ x，使得\cdots\cdots$$

用这种记号，上述例子能被符号化地写成：

$$\exists x[x^2 + 2x + 1 = 0].$$

符号 $\exists$ 被称为**存在量词**。正如你可能已经料到的，这个反着写的 E 来源于"Exists"（存在）一词。

显然，证明存在性陈述的一个办法是找到一个满足所给条件的对象。在上面的例子中，数 $x = -1$ 能做到这点。（它是唯一满足条件的数。不过只需要一个，也就足以使存在性论述得到满足了。）

　　并不是所有真的存在性论述都是通过找到一个满足条件的对象来证明的。数学家有证明形如 $\exists x P(x)$ 的陈述的其他方法。例如，证明方程 $x^3 + 3x + 1 = 0$ 有实根的一个方法是：注意到曲线 $y = x^3 + 3x + 1$ 是连续的（直观上说，图像为不间断的线）；当 $x = -1$ 时，曲线在 x 轴以下，而当 $x = 1$ 时，曲线在 x 轴以上；因此（由连续性）能推出 x 必能在 -1 与 1 之间取到一个值，使得该曲线与 x 轴相交。当该曲线与 x 轴相交时，x 的取值即为给定方程的一个解。这样我们证明了存在一个解，而不需要实际找到这个解是什么。（把这个直观而简单的论证转变成一个完全严格的证明需要大量较深的数学，不过真正发挥作用的大体思想就是我刚才所解释的那些。）

练习 2.4.1

　　我刚才简要概述的是三次方程 $y = x^3 + 3x + 1$ 有实根的证明。与之类似的论证可以用来证明"摇晃的桌子定理"（Wobbly Table Theorem）。假设你坐在餐厅里一张四方桌旁，该桌子的四个角上各有一条一模一样的腿。由于地面不平，这张桌子有些摇摇晃晃。解决这个问题的一个办法是，折一张小纸片，把它塞进其中一条腿下面直至桌子不再摇晃。但有另一个办法，那就是通过旋转这张桌子，使它处于某一个位置时不再摇晃。证明这一点。（提示：这是一个跳出盒子思考的问题。答案很简单，但在得到它之前，你需要付出很多努力。对于有时间限制的考试来说，这是一道不公平的题目。不过，这也是一道可以让你绞尽脑汁思考直到你得到正确思路的很棒的难题。）

　　有时候，一条陈述是否为一个存在性论断，并不是那么显然的。事实上，许多看起来并不像存在性陈述的数学陈述，当你真

正弄明白它们的意思时，你会发现它们不折不扣就是存在性陈述。例如，陈述

$$\sqrt{2} \text{ 是有理数}$$

给出的其实是一个存在性论述。当你挖掘它的含义，并把它写成这种形式

存在自然数 p 和 q，使得 $\sqrt{2} = p/q$

时，你就会发现这一点。我们可以用存在量词符号把它写成这样：

$$\exists p \exists q (\sqrt{2} = p/q).$$

如果我们事先已经明确变量 p 和 q 指代整数，上面这样写是没有问题的。有时候，我们研究的语境确保了每个人都知道不同的符号指代的是什么。不过，这种情况并不常见。所以我们通过指定所考虑对象的种类来扩展量词记号。在上面的例子中，我们可以写成

$$(\exists p \in \mathcal{N})(\exists q \in \mathcal{N})(\sqrt{2} = p/q).$$

这里用到了你可能已经熟悉的集合论的记号。$\mathcal{N}$ 指的是自然数集（即正整数集），而 $p \in \mathcal{N}$ 意为"p 是集合 $\mathcal{N}$ 中的一个元素（或成员）"。关于书中所需的集合论，附录中有一份简要概述以供阅读。

注意，我并没有把上面的式子写为 $(\exists p, q \in \mathcal{N})(\sqrt{2} = p/q)$。你经常能看到有经验的数学家这么写表达式，但对于初学者来说，这么做是绝对不提倡的。大多数数学陈述都涉及一整串的量词，并且我们也将看到，在数学论证过程中，表达式的变换可以相当技巧化，所以坚持"一个量词对应一个变量"的原则是更保险的做法。为了大多数人，在本书中我也会这么做。

上面的陈述 $(\exists p \in \mathcal{N})(\exists q \in \mathcal{N})(\sqrt{2} = p/q)$，实际上为假。数 $\sqrt{2}$ 不是有理数，我稍后会给出它的证明。不过在我这么做之前，你可能更想知道自己能否证明它。它的论证只有几行，但其中有一个漂亮的想法。虽然你可能并不能发现这个想法，但如果你真的找到了，那么它绝对会让你欢欣鼓舞。花大概一小时的时间去试试看。

顺便说一句，为了掌握大学数学，或者我所说的更一般化的数学思维，你需要习惯在某个特别的细节上花费大量时间。为了使课程的内容够广，中学数学课程（尤其是美国的中学数学课程）一般都是大杂烩，大多数问题都能在几分钟内做完。而在大学里，需要涵盖的内容较少，却要求学得更深入。这意味着你必须调慢你的步伐，**想得更多而做得更少**。这一开始会很难，因为看起来徒劳无功的思考会让你觉得很沮丧。不过这很像学习骑自行车。很长一段时间里，你都是在摔跟头（或是依靠辅助轮），看起来你永远也"学不会"骑车。然后突然之间，某一天你发现你会骑了，而你不理解为什么需要这么长时间才能学会。不过，长时间的反复摔跟头对于你的身体学习如何去骑车是非常重要的。训练你的大脑用数学的方式思考不同类型的问题与此非常相像。

我们需要考察并确保完全理解的语言片段还剩下**全称量词**，它声称**对全部的** x，某些性质成立。我们用符号

$$\forall x$$

表示

对全部的 x，都有……

符号 $\forall$ 是上下颠倒的 A，来源于"All"（全部）一词。

例如，说任何实数的平方都大于等于 0，我们就可以写成

$$\forall x(x^2 \geqslant 0).$$

如前所述，如果我们事先确定变量 x 指代实数，那么上面的写法是没有问题的。当然，一般来说，它的确是没问题的。不过为了确保这一点，我们可以修改记号使其清楚明白，没有歧义：

$$(\forall x \in \mathcal{R})(x^2 \geqslant 0).$$

我们可以把它读成：对全部的实数 x，x 的平方都大于等于 0。

数学中大多数陈述都包含了两种量词的组合。譬如，"没有最大的自然数"这条论断就需要两种量词，具体如下：

$$(\forall m \in \mathcal{N})(\exists n \in \mathcal{N})(n > m).$$

这个表达式读成：对全部的自然数 m，都存在一个自然数 n，使得 n 比 m 大。

注意，量词出现的顺序是极为重要的。例如，如果我们把上句中量词的顺序对换，我们会得到

$$(\exists n \in \mathcal{N})(\forall m \in \mathcal{N})(n > m).$$

这句话声称有一个超过所有自然数的自然数。这显然是一个假论断！

现在我们应该清楚了，为什么需要避免美国黑素瘤基金会的作者在起草陈述"一名美国人几乎每小时都死于黑素瘤"时使用语言的方法。这句话的逻辑形式是

$$\exists A \forall H \, [A \text{ 在 } H \text{ 内死去}],$$

而其原意却是

$$\forall H \exists A\,[A\ \text{在}\ H\ \text{内死去}]。$$

练习 2.4.2

1. 把下列句子写成存在性论断。(你可以混搭使用符号和文字。)

    (a) 方程 $x^3 = 27$ 有一个自然数解。

    (b) 1,000,000 不是最大的自然数。

    (c) 自然数 n 不是素数。

2. 把下列句子写成全称性论断。(用符号和文字。)

    (a) 方程 $x^3 = 28$ 没有自然数解。

    (b) 0 比每个自然数都小。

    (c) 自然数 n 是素数。

3. 使用对人的量词,将下列句子写成符号形式。

    (a) 每个人都爱着某个人。

    (b) 每个人不是高就是矮。

    (c) 每个人都高或者每个人都矮。

    (d) 没有人在家。

    (e) 如果约翰来了,那么所有的女人都会走。

    (f) 如果来了一个男人,那么所有的女人都会走。

4. 用(仅)指向集合 $\mathcal{R}$ 和 $\mathcal{N}$ 的量词将下列句子写成符号形式。

    (a) 对任意实数 a,方程 $x^2 + a = 0$ 都有一个实根。

    (b) 对任意负实数 a,方程 $x^2 + a = 0$ 都有一个实根。

    (c) 每一个实数都是有理数。

    (d) 存在一个无理数。

    (e) 不存在最大的无理数。(这一题看起来非常复杂。)

5. 令 C 为全体轿车的集合,令 $D(x)$ 表示 x 为国产车,而令 $M(x)$ 表示 x 造得不好。用这些符号把下列句子写成符号形式。

(a) 所有国产车都造得不好。
(b) 所有进口车都造得不好。
(c) 所有造得不好的车都是国产车。
(d) 有一台造得不赖的国产车。
(e) 有一台造得不好的进口车。

6. 仅用对实数的量词、逻辑联结词、序关系 $<$ 以及意为"x 是有理数"的符号 $Q(x)$，符号化地表述下面的句子：

任意两个不相等的实数之间都有一个有理数。

7. 用对人和对时间的量词表述下面的著名陈述（源自林肯）："你可能在某些时候欺骗所有的人，你甚至也可能在所有的时候欺骗某些人，但你无法在所有的时候欺骗所有的人。"

8. 一条美国的新闻标题写道，"每六秒钟，便有一名司机卷入一场事故"。令 x 为表示司机的变量，t 为表示一个长为六秒的区间的变量，而 $A(x, t)$ 表示 x 在区间 t 内卷入事故。用逻辑记号表示这个标题。

在数学中（以及在日常生活中），你经常会发现需要否定一条带量词的陈述。当然，你可以简单地在它前面加一个否定符号。不过，那样往往是不够的；你需要给出一个**肯定的**论断，而不是**否定的**论断。我将要给出的例子应该能说明这里的"肯定"指什么。不过粗略地说，一个肯定的陈述就是说"什么是"而不是说"什么不是"的陈述。在实际操作中，一个肯定的陈述是不包含否定符号的陈述，或者在这样的陈述中，否定符号尽量出现在陈述"内"部，而最后的表达式又不会过于烦琐。

令 $A(x)$ 表示 x 的某个性质（例如，$A(x)$ 可以表示 x 是方程 $x^2 + 2x + 1 = 0$ 的一个实根），我会证明

$$\neg[\forall x A(x)] \text{ 等价于 } \exists x[\neg A(x)].$$

例如,

　　　并不是所有骑摩托车的人都闯红灯

等价于

　　　有一个不闯红灯的骑摩托车的人。

因为我们很熟悉这样的例子,所以这个等价关系是显然的。一般化证明只需要将这个基本常识写成一般化的抽象形式即可。如果接下来的东西看起来不可思议,那么毫无疑问,你只是还没有习惯于用一种脱离语境的、抽象的方式进行推理。如果你学这本书是为了学习大学数学课程,那么你需要尽快掌握抽象推理。另一方面,如果你的目标只是为了提高你在日常生活中的分析推理技能,那么也许用一些具体的、简单的例子进行研究(像我刚才所做的),用来代替抽象的符号,这也就足够了。不过,抽象的方法着重于强调所有推理背后的逻辑,它肯定能对日常推理有所裨益。

　　现在我们来进行抽象化的验证。我们由假定 $\neg[\forall x A(x)]$ 开始,即假定 $\forall x A(x)$ 不成立。如果并不是全部的 x 都满足 $A(x)$,那么一定至少有一个 x 不满足 $A(x)$。也就是说,对至少一个 x 来说,$\neg A(x)$ 必为真。用符号表示的话,可以写作 $\exists x[\neg A(x)]$。因此,$\neg[\forall x A(x)]$ 蕴涵 $\exists x[\neg A(x)]$。

　　现在假定 $\exists x[\neg A(x)]$。因此,会有一个 x 使得 $A(x)$ 不成立。故而 $A(x)$ 并不是对全部的 x 都成立。(当取到使其不成立的 x 时,$A(x)$ 对全部的 x 都成立这句话便错了!)也就是说,$A(x)$ 对全部的 x 都成立这句话是假命题。用符号可写作 $\neg[\forall x A(x)]$。因此,$\exists x[\neg A(x)]$ 蕴涵 $\neg[\forall x A(x)]$。

　　综上所述,这两个蕴涵便证明了我所声明的等价关系。

练习 2.4.3

1. 证明 $\neg[\exists x A(x)]$ 与 $\forall x[\neg A(x)]$ 等价.

2. 用一个日常例子来说明上述等价关系, 并用一段论证验证你的例子。

现在我们可以对之前关于国产车的问题给出一个恰当的分析了。我们想要否定陈述

所有的国产车都造得不好。

让我们用练习 2.4.2(5) 中的记号符号化表述这条陈述。如果你得到了该题 (a) 部分的正确答案, 你应该得到如下表达式:

$$(\forall x \in C)[D(x) \Rightarrow M(x)].$$

否定该表达式得到

$$(\exists x \in C)\neg[D(x) \Rightarrow M(x)].$$

（一个普遍会引起疑惑的地方: 为什么我们不说 $(\exists x \notin C)$? 答案是, "$\in C$" 这部分只是告诉我们需要考虑的是哪种 x。由于原陈述关注的是国产车, 从而它的否定也是如此。）

考虑

$$\neg[D(x) \Rightarrow M(x)],$$

我们已经知道它等价于

$$D(x) \wedge (\neg M(x)).$$

因此, 我们得到陈述 $(\forall x \in C)[D(x) \Rightarrow M(x)]$ 的否定式（现在它是肯定的了）

$$(\exists x \in C)[D(x) \wedge (\neg M(x))].$$

转换成文字，即有一台车，它是国产的，并且造得不赖，即有一台造得不赖的国产车。

不需要通过上述符号化操作，我们也能按照如下推理直接得出这个结果。

如果并非所有的国产车都造得不好，那么一定有一台国产车造得不赖。因此，正如这段论述反推的那样，所需要的否定式便是至少有一台国产车造得不赖。

上述讨论的话题对不少初学者来说都是个难点，所以这里需要再多举些例子加以说明。

第一个例子是关于自然数的。因此，所有的变量指代的都是自然数集 N 的成员。令 $P(x)$ 表示性质"x 是素数"而 $O(x)$ 表示性质"x 是奇数"。考虑句子

$$\forall x[P(x) \Rightarrow O(x)].$$

它说的是所有的素数都是奇数。这是假的。（为什么？你如何证明？）这个句子的否定式具有（肯定）形式

$$\exists x[P(x) \land \neg O(x)].$$

为了得到该形式，你从

$$\neg \forall x[P(x) \Rightarrow O(x)]$$

出发，它与

$$\exists x \neg [P(x) \Rightarrow O(x)]$$

等价，而上面的形式又与

$$\exists x[P(x) \not\Rightarrow O(x)]$$

等价, 而这可以写成

$$\exists x[P(x) \wedge \neg O(x)].$$

因此, $\forall$ 变成了 $\exists$, 而 $\Rightarrow$ 变成了 $\wedge$。用文字来说, 否定式写成了
"存在一个不是奇数的素数", 或者更通俗地说,"有一个偶素
数"。这当然是真的。(为什么? 你如何证明?)

  把上述论述看作符号化过程的话, 上面我所做的不过是适
当地调整了逻辑联结词, 成功地把否定符号放进了表达式内部。
正如你可能已经想到的, 可以写出一系列诸如此类的符号转换
的法则。如果你想要写一个用来进行逻辑推理的计算机程序, 这
也许会很有用。不过, 我们在这里的目标是发展数学思维技能。
符号化的例子仅仅是实现该目标的一种方式, 虽然这种方式对
在大学里学数学的学生尤其有用。因此, 我强烈推荐你在处理不
同问题时, 根据其具体内容, 使用其各自的语言。

  如果我们把原始句子改成

$$(\forall x > 2)[P(x) \Rightarrow O(x)]$$

(即所有大于 2 的素数都是奇数, 这是真的), 那么这句话的否
定式可以写成

$$(\exists x > 2)[P(x) \wedge \neg O(x)]$$

(即存在一个比 2 大的偶素数, 这是假的)。

  这个例子中有一个值得注意的地方, 那就是量词 $(\forall x > 2)$ 变
成了 $(\exists x > 2)$, 而**不是**$(\exists x \leqslant 2)$。同样地, 量词 $(\exists x > 2)$ 的否定式
是 $(\forall x > 2)$, 而**不是**$(\forall x \leqslant 2)$。你应该切实弄明白为什么这么做。

练习 2.4.4

证明陈述

> 存在一个比 2 大的偶素数

是假的。

至于另一个例子，假设我们在讨论人，于是 x 表示任意一个人。令 $P(x)$ 表示" x 为某体育队的运动员"，而 $H(x)$ 表示" x 很健康"，则句子

$$\exists x[P(x) \wedge \neg H(x)]$$

说的是"有一个不健康的运动员"这条论述。否定该句子能得到

$$\forall x[\neg P(x) \vee H(x)].$$

它用日常语言读起来可能有点不自然，不过由我们定义的 $\Rightarrow$ 的性质，它能被改写成

$$\forall x[P(x) \Rightarrow H(x)],$$

而这很自然地能被解读为"所有的运动员都是健康的"。

还有一个数学上的例子，这里的变量表示全体有理数的集合 Q 的成员。考虑句子

$$\forall x[x > 0 \Rightarrow \exists y(xy = 1)].$$

它说的是每一个正有理数都有一个乘法逆（这是真的）。这句话的否定式（它是假的）可以如下推出：

$$\neg\forall x[x > 0 \Rightarrow \exists y(xy = 1)] \Leftrightarrow \exists x[x > 0 \wedge \neg\exists y(xy = 1)]$$

$$\Leftrightarrow \exists x[x > 0 \wedge \forall y(xy \neq 1)].$$

用文字来说，存在一个具有如下性质的正有理数 x：不存在 y，使得 $xy = 1$。也就是说，存在一个没有乘法逆的正有理数。

上面的例子展示了量词的一个性质，该性质足够普遍，使得对量词的系统化演绎得以可能。与量词的任何使用都相关的是**量词域**：量词所指代的对象的全体。它可能是全体实数、全体自然数、全体复数或其他。

在许多情况下，整个上下文决定了量词域。譬如，如果我们在学习实分析，那么除非特别提出，我们能够比较保险地假定任何量词都是对实数的。不过有时候，也会有必须明确指出我们所讨论的量词域的情况。

为了说明某些时候指定量词域十分重要，考虑这条数学陈述

$$\forall x \exists y(y^2 = x).$$

这条陈述对复数域 $\mathcal{C}$ 为真而对实数域 $\mathcal{R}$ 却并非如此。

尽管有可能会使你产生混淆，我还是应该指出，在实践中，数学家通常不仅仅省略掉指定量词域这一步（让人们根据上下文去理解变量指代的东西），而且在使用全称量词的时候，如果对所有的变量都使用了全称量词，还把表达式写成如下这样

$$x \geqslant 0 \Rightarrow \sqrt{x} \geqslant 0,$$

而事实上它的意思是

$$(\forall x \in \mathcal{R})[x \geqslant 0 \Rightarrow \sqrt{x} \geqslant 0].$$

前者被称为**隐式量词**。虽然在本书中我并没有采用这个传统，但隐式量词十分普遍，所以你应当要知道这一点。

当量词与逻辑联结词 ∧、∨ 等组合在一起时，你需要非常小心。

为了描述可能出现的各种陷阱，让我们假设现在所讨论的范围为自然数集。令 $E(x)$ 为陈述"x 是偶数"，而令 $O(x)$ 为陈述"x 是奇数"。

陈述

$$\forall x[E(x) \vee O(x)]$$

说每个自然数 x 要么是奇数，要么是偶数（或者两者同时成立）。显然这是真的。

另一方面，陈述

$$\forall x E(x) \vee \forall x O(x)$$

是假的，因为它断言要么所有的自然数都是偶数，要么所有的自然数都是奇数（或者两者同时成立），而事实上没有一种可能性能成立。

因此，一般说来，你不能"把 $\forall x$ 移进括号里"。更确切地说，如果你这么做，你得到的将是一个与原陈述相距甚远的句子，它与原陈述并不等价。

还有，陈述

$$\exists x[E(x) \wedge O(x)]$$

是假的，因为它声称存在一个既是奇数又是偶数的自然数；而陈述

$$\exists x E(x) \wedge \exists x O(x)$$

是真的，它说有一个是奇数的自然数，也有一个是偶数的自然数。

因此，"把 $\exists x$ 移进括号里"同样也会得到一个与原陈述并不等价的陈述。

注意，上一条陈述里，尽管合取的两个部分中都使用了同一个变量 x，但这两个合取项是独立的。

你应当确保自己完全弄懂上面所有作为示例的包含量词的陈述之间的区别。

我们经常会在论证的过程中遇到要把量词限制在比原有域更小的范围上的情况。例如，在实分析中（一般没有明确说明的话，所讨论的范围为全体实数的集合 $\mathcal{R}$），我们通常需要讨论"全体正数"或"全体负数"；而在数论中（一般没有明确说明的话，所讨论的范围为全体自然数的集合 $\mathcal{N}$），我们使用诸如"对全部的素数"这样的量词。

我们已经在前面给出处理这类情况的一种办法。我们可以修改量词符号，允许使用

$$(\forall x \in A) \quad , \quad (\exists x \in A)$$

这种形式的量词。这里 A 是所讨论的域的一个子类。

另一种处理办法是利用语句中的非量词成分来限制量词的范围。例如，假设所讨论的域是所有动物构成的集合。因此，任意变量 x 都表示一只动物。令 $L(x)$ 表示" x 是一头豹子"，而 $S(x)$ 表示" x 有斑点"，那么句子"所有豹子都有斑点"能被写成如下形式：

$$\forall x[L(x) \Rightarrow S(x)].$$

这句话的字面意思是：对全部的动物 x 来说，如果 x 为一头豹子，那么 x 有斑点。用文字写起来相当冗繁，但它的数学版本事实证明比修改量词符号，比如 $(\forall x \in \mathcal{L})$（这里 $\mathcal{L}$ 指的是全体豹子的集合）的版本要好，因为在数学论证中，引入指代不同域的量词很容易引起误会和错误。

初学者经常错误地将原句"所有的豹子都有斑点"写成

$$\forall x[L(x) \wedge S(x)].$$

用日常语言说，它的意思是：对全部的动物 x，x 都是豹子且具有斑点。或者我们可以让它更通顺一点：所有的动物都是豹子且具有斑点。这明显是假的。首先说，就不是所有的动物都是豹子。

　　引起混淆的部分原因可能是，当考虑存在性句子时，此时的数学有点不一样。例如，考虑句子"存在有斑点的马"。如果我们令 $H(x)$ 表示"x 是马"，那么这句话翻译成数学句子是

$$\exists x[H(x) \wedge S(x)].$$

它说：存在一只动物，它既是马，又有斑点。

　　与该句形成对照的是

$$\exists x[H(x) \Rightarrow S(x)].$$

这说的是：存在一只动物，使得若它是一匹马，则它有斑点。这看起来并没有提供更多东西，也显然与说存在一匹有斑点的马不完全一样。

　　从符号形式方面来说，修改后的量词记号

$$(\forall x \in \mathcal{A})\phi(x)$$

（这里记号 $\phi(x)$ 表示 ϕ 是一条包含变量 x 的陈述）可以被看作是表达式

$$\forall x[A(x) \Rightarrow \phi(x)]$$

的缩写，这里 $A(x)$ 表示 x 在类 $\mathcal{A}$ 中的性质。

类似地，记号

$$(\exists x \in \mathcal{A})\phi(x)$$

可以被看作是

$$\exists x[A(x) \wedge \phi(x)]$$

的缩写。

为了否定含有多个量词的陈述，你可以从外部向内部推进，每次处理一个量词。整体上的效果是否定符号向内移动，与此同时，∀ 变成 ∃，而 ∃ 变成 ∀。比如下面的例子：

$$\neg[\forall x \exists y \forall z A(x,y,z)] \Leftrightarrow \exists x \neg[\exists y \forall z A(x,y,z)]$$
$$\Leftrightarrow \exists x \forall y \neg[\forall z A(x,y,z)]$$
$$\Leftrightarrow \exists x \forall y \exists z \neg[A(x,y,z)].$$

然而，正像我之前所说的，本书的目的是发展思维技能，而不是学习一套规则，供你套用，使你可以不必思考。工业中的数学问题通常涉及相当复杂的陈述。在得到实际结果后，数学家的确有时候用上面这种符号变换来检验他们的推理。不过他们的推理一开始总是在分析问题讲的是什么，而不是把它写成符号形式，然后开始进行符号变换这样的操作。记住，大学纯数学的首要目标是理解，而做和解（通常是中学强调的唯一目标）则是次要目标。应用一系列的算法并不能帮助理解。根据问题的原意，思考、钻研、然后最终（如你所愿）解决该问题才能帮助你理解。

还有一个往往很有用的量词是

存在唯一的 x，使得……

这个量词通常被表示成

$$\exists!$$

通过把

$$\exists!x\phi(x)$$

看成是

$$\exists x[\phi(x) \wedge \forall y[\phi(y) \Rightarrow x = y]]$$

的缩写，可见这个量词能由其他量词定义（一定要弄明白为什么最后这个公式表示唯一存在）。

练习 2.4.5

1. 将下列句子翻译成带量词的符号形式。圆括号中给出了每种情况下所假定的域。

    (a) 所有的学生都喜欢比萨。(所有人)

    (b) 我的一个朋友没有车。(所有人)

    (c) 有一些大象不喜欢松饼。(所有动物)

    (d) 每个三角形都是等腰三角形。(所有几何图形)

    (e) 班里有一些学生今天不在。(所有人)

    (f) 每个人都爱着某个人。(所有人)

    (g) 没有人会爱所有的人。(所有人)

    (h) 如果有男人来，那么所有的女人都会走。(所有人)

    (i) 所有的人不是高就是矮。(所有人)

    (j) 要么所有的人都高，要么所有的人都矮。(所有人)

    (k) 并不是所有珍贵的石头都漂亮。(所有的石头)

    (l) 没有人爱我。(所有人)

    (m) 至少有一种美国蛇是有毒的。(所有蛇)

    (n) 至少有一种美国蛇是有毒的。(所有动物)

2. 下列哪个是真的？圆括号中给出了每小题所讨论的域。

(a) $\forall x (x + 1 \geqslant x)$. （实数）

(b) $\exists x (2x + 3 = 5x + 1)$. （自然数）

(c) $\exists x (x^2 + 1 = 2^x)$. （实数）

(d) $\exists x (x^2 = 2)$. （有理数）

(e) $\exists x (x^2 = 2)$. （实数）

(f) $\forall x (x^3 + 17x^2 + 6x + 100 \geqslant 0)$. （实数）

(g) $\exists x (x^3 + x^2 + x + 1 \geqslant 0)$. （实数）

(h) $\forall x \exists y (x + y = 0)$. （实数）

(i) $\exists x \forall y (x + y = 0)$. （实数）

(j) $\forall x \exists ! y (y = x^2)$. （实数）

(k) $\forall x \exists ! y (y = x^2)$. （自然数）

(l) $\forall x \exists y \forall z (xy = xz)$. （实数）

(m) $\forall x \exists y \forall z (xy = xz)$. （素数）

(n) $\forall x \exists y (x \geqslant 0 \Rightarrow y^2 = x)$. （实数）

(o) $\forall x [x < 0 \Rightarrow \exists y (y^2 = x)]$. （实数）

(p) $\forall x [x < 0 \Rightarrow \exists y (y^2 = x)]$. （正实数）

3. 用肯定形式写出问题 1 中每条符号化陈述的否定式。用通顺的日常语言表达每个否定式。

4. 用肯定形式写出问题 2 中每条陈述的否定式。

5. 用肯定形式写出下列陈述的否定式。

(a) $(\forall x \in \mathcal{N})(\exists y \in \mathcal{N})(x + y = 1)$.

(b) $(\forall x > 0)(\exists y < 0)(x + y = 0)$. （这里 x、y 是实数变量）

(c) $\exists x (\forall \epsilon > 0)(-\epsilon < x < \epsilon)$. （这里 x、ϵ 是实数变量）

(d) $(\forall x \in \mathcal{N})(\forall y \in \mathcal{N})(\exists z \in \mathcal{N})(x + y = z^2)$.

6. 给出练习 2.4.2(7) 中所引句子的（肯定形式的）否定式："你可能在某些时候欺骗所有的人，你甚至也可能在所有的时候欺骗某些人，但你无法在所有的时候欺骗所有的人。"

7. 实函数 f 在点 $x = a$ 处连续的标准定义是

$$(\forall \epsilon > 0)(\exists \delta > 0)(\forall x)[|x - a| < \delta \Rightarrow |f(x) - f(a)| < \epsilon].$$

写出 f 在点 a 处不连续的一个形式化的定义。你的定义要用肯定形式。

第3章

证　明

　　在自然科学中，真实性是通过经验方法来确立的，这些方法包括观察、测量以及（作为黄金标准的）实验。而在数学中，真实性是通过构造一个**证明**来确立的，证明是一个能够确立陈述的真实性的逻辑合理的论证。

　　当然，"论证"（argument）一词在这里的用法，并不是日常用法中更常见到的表示两个人之间的论争。不过它与论争有点关系的地方是，一个好的证明能够先发制人地驳斥掉（含蓄地或明确地）所有可能来自读者的异议（反驳论证）。当职业数学家读一个证明时，他们通常也像律师盘问证人一般，连续不断地进行彻查和寻找破绽。

　　学习如何证明是大学数学的一个主要内容。这并不是短短数周便能掌握的东西，它需要经年累月的训练。短期内能实现的目标，以及我在这里试图帮助你去做的是，获得一些认识，一些关于证明数学陈述指的是什么以及为什么数学家认为证明如此重要的认识。

3.1　什么是证明?

构造证明有两个主要目的:确立真实性和与他人交流。

构造或者阅读证明是我们使自己确信某个陈述为真的方式。或许我直觉上认为某个数学陈述为真,但直到我证明了它,或者读到了一个使我信服的证明,我才能确信它为真。

然而,我也可能需要使其他人信服。出于这两种目的,一个陈述的证明必须能够**解释**为什么该陈述为真。在第一种情形中,使自己信服通常只需要我自己的论证逻辑合理,而我在一段时间后仍能跟随得上论证的思路。在第二种情形中,我需要使别人信服,这时就要求得更多了:证明中所提供的解释也必须能够让它的受众明白。为使他人信服而写的证明,不仅要求逻辑合理,还要求能成功地与他人交流。(对复杂的证明来说,要使数学家在数天、数周、数月甚至数年后仍能明白他/她自己的证明,这条要求同样很重要,所以即便是纯粹出于个人用途的证明,也需要能够成功地与他人交流。)

证明必须能向预期读者传递解释,这一点为写证明树立了一个很高的门槛。某些证明十分艰深复杂,仅仅只有该领域的少数专家才能明白它们。譬如,许多世纪以来,大多数数学家都相信,或者至少强烈猜测,对指数 $n \geqslant 3$ 的方程 $x^n + y^n = z^n$,没有 x、y 和 z 的正整数解。这是由 17 世纪伟大的法国数学家费马提出的猜想,但直到 1994 年它才由英国数学家安德鲁·怀尔斯(Andrew Wiles)完全解决,其构造的证明很长且非常深奥。尽管大多数数学家(包括我)由于对该领域缺乏深入了解而无法明白怀尔斯的证明,但该证明的确说服了该领域(解析数论)的专家，从而费马古老的猜想现在被当作了一个定理。（由于它是费马所公布的需要证明的几条数学陈述中的最后一条，所以现在普遍把它叫作费马最后的定理。）

然而，费马最后的定理只是一个个例。尽管某些证明需要数天、数周甚至数月的时间才能被人读懂并相信，但数学中大多数证明都能被任何一个职业数学家读懂。（本书中所选取的例子，普通读者大概需要花上几分钟或者一小时来理解。为大学数学专业的学生准备的例子通常最多只需几小时便能理解。）

证明数学陈述远远不只是为其搜集证据这么简单。举一个著名的例子，18 世纪中期，伟大的瑞士数学家欧拉声称，他相信每一个大于 2 的偶数都能被写成两个素数的和。偶数的这条性质是哥德巴赫向他提出的，从而被叫作哥德巴赫猜想。计算机程序能够对许多具体的偶数检验这条陈述，目前为止（2012 年 7 月），已验证完到 1.6×10^{18} 为止的所有数。大多数数学家都相信它是真的，但它至今尚未被证明。

要**否证**该猜想则只需找到一个偶数 n，使得对 n 能证明没有两个素数的和为 n。

顺便说一句，数学家并没有觉得哥德巴赫猜想很重要。数学中并没有其已知的应用，甚至连任何重要的推论都没有。它在数学中这么出名，完全只是因为它很好理解，有欧拉的支持，并且在两百五十多年里一直未被证明。

无论中学时是怎么教的，证明并不需要具有某种特定的形式。而它绝对必需的一项要求是，它是一个逻辑合理的推理，能够证明某条陈述的真实性。另一项次要的要求是，它表达得够好，使其预期读者稍作努力便能读懂该推理。职业数学家的预期读者通常是另一个在相同数学领域的专家。为学生或者外行而写的证明则通常需要提供更多的解释。

这意味着，为了构造一个证明，你必须能确定什么能够构成一个逻辑合理的论证，使其不仅能让你自己信服，也能让预期读者信服。你无法把这件事情化约为一系列的规则。构造数学证明是人类思维最具创造性的一种活动，只有相对很少的人才能给出真正的原创证明。不过，通过努力，任何具有一定才智的人都能掌握其基础。我的目标也正在于此。

我在第 2 章给出的欧几里得关于存在无穷多个素数的证明，是说明证明需要独具慧眼的一个好例子。在该证明中有两个创造性的想法。其中之一是，素数的枚举到任何一步，$p_1, p_2, p_3, \ldots, p_n$，都能继续进行下去（这用一种迂回的方式证明了无穷）。另一个想法是，考虑数 $(p_1 \cdot p_2 \cdot p_3 \cdot \ldots \cdot p_n) + 1$。我估计我们中的大多数人最终都能想到第一个想法，我愿意相信自己应该最终能想到。（当我还是一个少年时，我是从书中直接读到了这个证明。当时我就想，要是作者把证明暂时藏起来，以此考验读者，让他们自己寻找答案该多好，这样我也能有一次尝试的机会。）不过第二个创造性的想法则完全是天才之举。我也愿意相信自己应该最终能琢磨出这个想法，但我无法肯定。这也正是我认为欧几里得的证明如此令人愉悦，从而陶醉于其精彩的核心思想的原因。

3.2 反证法

接下来是另一个漂亮证明的好例子，它展示了一种被称为"反证法"的强大的证明策略。我将用一种传统的数学方式来呈现它，首先给出对结果的陈述，该陈述被冠以"定理"的标签，接下来再给出对该陈述的"证明"。[①]不过，这只是一个表述的风格问题。一个结果之所以成为定理，而检验它的论证之所以成为证明，重要的是该论证逻辑合理，并且的确能确立所声称的结果。给出论证后，我会说明为什么它是一个证明。

定理 $\sqrt{2}$ 是无理数.

证明 假设不然，$\sqrt{2}$ 是有理数，那么我们能找到自然数 p 和 q，使得

$$\sqrt{2} = p/q.$$

这里 p 和 q 没有公因子。对上式两边都取平方，得到

$$2 = p^2/q^2.$$

重写该式，得到

$$p^2 = 2q^2.$$

因此，p^2 为偶数。p 必须也为偶数，因为 奇数^2 = 奇数。于是存在一个自然数 r，使得 $p = 2r$。用 $2r$ 替换上式中的 p，得到

$$(2r)^2 = 2q^2,$$

即

$$4r^2 = 2q^2.$$

把该式两边都除以 2，得到

$$2r^2 = q^2,$$

_____

① 定理（theorem）是古希腊人的一项发明，所以这个词源自希腊语。古罗马人对更实用的数学感兴趣，因此他们的数学词典中没有相应的拉丁语"theorum"。

从而 q^2 是偶数。因此，q 必须也为偶数。但 p 也是偶数，而由假设 p 和 q 没有公因子，我们得到了一个矛盾。所以我们的原始假定 $\sqrt{2}$ 为有理数必须是错的。换句话说，$\sqrt{2}$ 必须为无理数，而这也正是我们要证明的。   □

（用一个小方块或其他符号来标记证明的结尾，是一个能帮助快速阅读数学教科书的传统，它让读者在第一次阅读时能够很容易地跳过这些证明。）

许多教师把这个定理作为数学证明的入门说明。他们这样做的原因是，该证明在几个层次上都非常棒。

首先，该结果本身在历史上很重要。当古希腊人得到存在不能被他们的数所度量的几何长度这个发现时，该发现引发了古希腊数学中的一场危机。直到两千年后，19 世纪晚期，数学家才最终研究出一个足够强大的数的概念（实数系统），用以测量所有的几何长度。

其次，该证明十分简短。再次，它仅使用了关于正整数的基本想法。复次，它使用了十分常见的方法。最后，它用了一个非常漂亮的想法。

让我们从这种方法讲起。这是被称为“反证法”的常用方法的一个例子。你想要证明某个陈述 ϕ。为了达到目的，你一开始先假定 $\neg\phi$，然后进行推理，并得到某个明显错误的结论。常常，这表现为我们同时推理得到了陈述 ψ 和它的否定 $\neg\psi$。而如果推理过程正确的话，你不可能从一个真的假定出发而得到一个假的结论。因此，你原始的假定 $\neg\phi$ 必须为假。也就是说，ϕ 必须为真。

也可以把这种方法看作是利用逆否命题进行证明的特殊情形。正如我们在练习 2.3.5(12) 中见到的那样，$\neg\phi \Rightarrow \theta$ 等价于

$\neg\theta \Rightarrow \phi$。为了用反证法证明 ϕ，我们从 $\neg\phi$ 开始并得到 F（某个假陈述）。也就是说，你得到了 $\neg\phi \Rightarrow F$。然而，这是 $T \Rightarrow \phi$ 的逆否命题。因此，你证明了 $T \Rightarrow \phi$，从而由分离法则（练习 2.3.4(4)），ϕ 必须为真。

一旦你开始接受反证法的思想，并且能明白为什么从 $\neg\phi$ 出发并推出一个矛盾的确能给出 ϕ 的一个证明，上面的论证便必然能够说服你。你所要做的便是逐行地推敲，并问自己："这一行中是否有什么不合理的地方？"如果直到你读完证明的最后一行都没有遇到推理中的错误，那么你就能肯定 ϕ 是真的。

至于 $\sqrt{2}$ 是无理数的证明，所有的论证都围绕着奇数和偶数的讨论展开。两个数 p、q 没有公因子的假定是没有问题的，因为任何一个分式都能被写成分子和分母（除 1 以外）没有公因子的最简形式。

关于那样一段简短的证明，我们给出了相当长的一段讨论。不过根据我多年的经验，初学者会认为这个证明很难理解。你可能认为你已经懂了，但是你真的懂了吗？让我们来看看你是否能做出一个类似的证明。如果你能做到，那么就让我们看看你是否能把它一般化。你绝对应该尝试去做这个练习。不过你得准备好在上面花点时间。记住，这不是一本关于解题的书。我们的目标是学会用数学的方式思考。正如学骑自行车、学滑雪或者学开车一样，唯一的方法是靠自己不停地尝试。查找答案或者由其他人给出解答并不能帮助你。真的不能。现在不靠自己，将来你会付出更大的代价。这件事的价值就在于你花时间尝试靠自己解决它。

练习 3.2.1

1. 证明 $\sqrt{3}$ 是无理数。

2. 对每个自然数 N 来说，$\sqrt{N}$ 是无理数是否为真?

3. 如果不是的话，对什么样的 N，$\sqrt{N}$ 是无理数? 写出并证明一条形如 "$\sqrt{N}$ 为无理数当且仅当 N …" 的结果。

反证法是一个常用的证明方法，因为它的起始点很明确。为了**直接**证明某条陈述 ϕ，你需要写出一段终结于 ϕ 的论证。不过，从哪里开始呢? 唯一的方法是试着倒推，找出什么样的步骤链会以 ϕ 结束。有许多可能的起始点，但你最终需要实现的却只有一个目标。这可能会非常难。不过对于反证法，存在一个明确的出发点，然后一旦你得到一个矛盾，**任何**一个矛盾，你的证明便完成了。由于目标区域十分广阔，事情便变得容易了许多。

反证法尤其适用于证明某个特殊对象不存在的情形; 譬如，某种特殊的方程没有解。你由假定这种对象存在开始，然后用这种（假定的）对象推出一个假的结论或者一对矛盾的陈述。$\sqrt{2}$ 的无理性便是一个好的范例，因为它声称不存在两个自然数 p 和 q，使得它们的比值等于 $\sqrt{2}$。

3.3　证明条件式

虽然不存在构造证明的按部就班的模板，但指导思想还是有的，而我们刚刚就见了其中两个。当不知从何处开始，以及特别是证明声称某些对象不存在的陈述时，反证法是一个很好的、有用的方法。当然，你仍然还是需要构造一个证明。你只是把一个有着未知起始点的狭隘的目标替换成了一个有着已知起始点的更广的目标。但正如诗人罗伯特·弗罗斯特（Robert Frost）笔下分岔的小路一样，不同的选择能带来很大的差别。

我还会告诉你一些其他的指导思想。不过要记住，它们并不是模板。只要你还在继续寻找构造证明的模板，你就还会遇到很大的困难。当你拿到一个新问题时，你必须从分析你想要证明的陈述开始。它到底说的是什么？什么样的论证能够证明里面的论述？

例如，假设我们想证明条件式

$$\phi \Rightarrow \psi$$

的真实性。由条件式的定义，只要 ϕ 为假，该式就必然为真。所以我们只需要考虑 ϕ 为真的情形，即我们**能够假定**ϕ。然后，为了使该条件式成立，ψ 也必为真。

因此，利用 ϕ 为真的假定，我们必须给出一个能够证明 ψ 的真实性的论证。这当然与我们在日常生活中对蕴涵的理解是一致的。所以在**证明条件式**时，不会出现我们之前讨论过的关于条件式与真正的蕴涵之间的差别的问题。

举一个具体的例子，假设我们想要对任意给定的实数对 x、y 证明

$$(x \text{ 和 } y \text{ 是有理数}) \Rightarrow (x + y \text{ 是有理数}).$$

我们由**假定**x 和 y 是有理数开始，然后我们能找到整数 p、q、m、n，使得 $x = p/m$，$y = q/n$。于是，

$$x + y = \frac{p}{m} + \frac{q}{n} = \frac{pn + qm}{mn}.$$

因此，由于 $pn + qm$ 和 mn 是整数，我们得到 $x + y$ 是有理数的

结论。该陈述被证明。

练习 3.3.1

令 r、s 为无理数。判断下列各数是否必为无理数，并证明你的答案。（最后一个结果尤其漂亮。我稍后将给出它的解答，不过你肯定还是应该先尝试一下。）

1. $r + 3$.
2. $5r$.
3. $r + s$.
4. rs.
5. $\sqrt{r}$.
6. r^s.

利用 $\phi \Rightarrow \psi$ 与 $(\neg\psi) \Rightarrow (\neg\phi)$ 之间的等价关系，有时候证明含量词的条件式可以由**证明它的逆否命题**来解决。

例如，假设我们希望能够对某个给定的未知角 θ 证明如下条件式

$$(\sin\theta \neq 0) \Rightarrow (\forall n \in \mathcal{N})(\theta \neq n\pi).$$

该陈述等价于

$$\neg(\forall n \in \mathcal{N})(\theta \neq n\pi) \Rightarrow \neg(\sin\theta \neq 0),$$

而上式可以简化成肯定形式

$$(\exists n \in \mathcal{N})(\theta = n\pi) \Rightarrow (\sin\theta = 0).$$

我们知道这个蕴涵关系是正确的，从而原始的蕴涵关系通过等价得以证明。（证明一条陈述，可以通过证明任意与其等价的陈

述来实现。)

证明一个双条件式（一个等价关系）$\phi \Leftrightarrow \psi$，通常是去证明两个条件式 $\phi \Rightarrow \psi$ 和 $\psi \Rightarrow \phi$。（为什么这样就够了？）

不过，有时候你可能会发现证明这两个条件式更自然：$\phi \Rightarrow \psi$ 和 $(\neg\phi) \Rightarrow (\neg\psi)$。（为什么这样也行？）

练习 3.3.2

1. 解释为什么证明 $\phi \Rightarrow \psi$ 和 $\psi \Rightarrow \phi$ 能够证实 $\phi \Leftrightarrow \psi$ 的真实性。

2. 解释为什么证明 $\phi \Rightarrow \psi$ 和 $(\neg\phi) \Rightarrow (\neg\psi)$ 能够证实 $\phi \Leftrightarrow \psi$ 的真实性。

3. 证明若五个投资者要分摊 200 万美元的支出，则至少有一个投资者至少得承担 40 万美元。

4. 写出下列条件性陈述的逆命题。

   (a) 若美元贬值，则人民币会升值。

   (b) 若 $x < y$，则 $-y < -x$。（x、y 为实数。）

   (c) 若两个三角形全等，则它们面积相等。

   (d) 只要 $b^2 \geqslant 4ac$，二次方程 $ax^2 + bx + c = 0$ 就有解。（这里 a、b、c、x 为实数且 $a \neq 0$。）

   (e) 令 $ABCD$ 为一个四边形。若 $ABCD$ 相对的边相等，则其相对的角也相等。

   (f) 令 $ABCD$ 为一个四边形。若 $ABCD$ 四条边都相等，则它的四个角也都相等。

   (g) 若 n 不能被 3 整除，则 $n^2 + 5$ 能被 3 整除。（n 是一个自然数。）

5. 上一道练习中，除第一条陈述外，哪些陈述为真，哪些陈述的逆命题为真，而哪些陈述和它的逆命题等价？证明你的答案。

6. 令 m 和 n 为整数。证明，

   (a) 若 m 和 n 为偶数，则 $m + n$ 为偶数。

   (b) 若 m 和 n 为偶数，则 mn 能被 4 整除。

   (c) 若 m 和 n 为奇数，则 $m + n$ 为偶数。

(d) 若 m、n 一个为偶数，一个为奇数，则 $m+n$ 为奇数。

(e) 若 m、n 一个为偶数，一个为奇数，则 mn 为偶数。

7. 证明或否证陈述"整数 n 能被 12 整除当且仅当 n^3 能被 12 整除"。

8. 如果你还没有解决练习 3.3.1(6)，使用提示"令 $s = \sqrt{2}$"再试一次。

3.4　证明含量词的陈述

证明存在性陈述 $\exists x A(x)$ 的一个最显然的方法是，找到一个特别的、能使 $A(a)$ 成立的对象 a。例如，要证明存在一个无理数，只需要证明 $\sqrt{2}$ 为无理数。不过，有时候你必须采用不那么直接的方法。譬如，之前我说过要返回来讲的，练习 3.3.1 的最后一部分就是这种情况。下面就是该练习的证明。（如果你还没有想出来，在继续读之前不妨再试一次。）

定理　*存在无理数 r、s，使得 r^s 是有理数。*

证明　考虑两种情形。

情形 1：若 $\sqrt{2}^{\sqrt{2}}$ 为有理数，取 $r = s = \sqrt{2}$，则定理被证明。

情形 2：若 $\sqrt{2}^{\sqrt{2}}$ 为无理数，取 $r = \sqrt{2}^{\sqrt{2}}$，$s = \sqrt{2}$，则

$$(\sqrt{2}^{\sqrt{2}})^{\sqrt{2}} = (\sqrt{2})^{(\sqrt{2} \cdot \sqrt{2})} = (\sqrt{2})^2 = 2.$$

定理亦被证明。　　　　　　　　　　　　　　　　　　　　　　□

注意，在上面的证明中，我们并不知道哪种可能性会成立。我们也没有得到两个具体的无理数 r、s，使得 r^s 为有理数。我们只是证明了这样一对数存在。我们的证明是**分情形证明**的一个例子，这是又一个有用的技巧。

下面让我们看一看，如何证明全称性陈述 $\forall x A(x)$。一种可

能是任取 x，证明它必须满足 $A(x)$。例如，假设我们想证明论断

$$(\forall n \in \mathcal{N})(\exists m \in \mathcal{N})(m > n^2).$$

我们可以按照下面的做法来做。

令 n 为任意一个自然数，则 n^2 也是自然数。因此，$m = n^2 + 1$ 是自然数。由于 $m > n^2$，说明

$$(\exists m \in \mathcal{N})(m > n^2).$$

由于原始的 n 是相当**任意的**，上述论证的确是一个证明。我们并没有给出 n 的任何信息：它可以为任意自然数。因此，该论述对 $\mathcal{N}$ 中**所有的** n 都成立。这与选取一个**特定的** n 不一样。如果随机地选取了一个数，比如说 $n = 37$，那么该证明就不是有效的，即便这个 n 是我们随机选取的。譬如，假设我们想证明

$$(\forall n \in \mathcal{N})(n^2 = 81).$$

随机选取一个特定的 n，我们可能恰好选到 $n = 9$。但这当然不能算证明了这条陈述，因为我们是任意选择了（尽管对于我们的目标而言，这个选择并不幸运）一个**特定的** n，而不是选取了一个**任意的** n。

实际上，对此我们只需在证明一开始就说"令 n 为任意的数"，并使用符号 n 贯穿证明始终，同时假定 n 的值自始至终为常数，而对 n 的值不做任何限制。

形如 $\forall x A(x)$ 的陈述有时能由反证法证明。通过假定 $\neg \forall x A(x)$，我们得到一个 x，使得 $\neg A(x)$（因为 $\neg \forall x A(x)$ 等价于 $\exists x \neg A(x)$）。现在我们找到了一个起始点，而困难就在于找到终点（即矛盾）。

练习 3.4.1

1. 证明或否证陈述 "所有的鸟都会飞"。

2. 证明或否证陈述 $(\forall x, y \in \mathcal{R})[(x-y)^2 > 0]$。

3. 证明：任意两个不相等的有理数之间都有第三个有理数。

4. 判断下列每一条陈述的真假，并用证明来支持你的决定。

    (a) 存在实数 x 和 y，使得 $x+y=y$。

    (b) $\forall x \exists y (x+y=0)$. (这里 x、y 为实数变量。)

    (c) $(\exists m \in \mathcal{N})(\exists n \in \mathcal{N})(3m+5n=12)$.

    (d) 对全部的整数 a、b、c，若 a 能整除 bc (没有余数)，则要么 a 能整除 b，要么 a 能整除 c。

    (e) 任意五个连续整数之和能被 5 整除 (没有余数)。

    (f) 对任意整数 n，数 n^2+n+1 为奇数。

    (g) 任意两个不相等的有理数之间存在第三个有理数。

    (h) 对任意实数 x、y，若 x 为有理数，而 y 为无理数，则 $x+y$ 为无理数。

    (i) 对任意实数 x、y，若 $x+y$ 为无理数，则 x、y 中至少有一个为无理数。

    (j) 对任意实数 x、y，若 $x+y$ 为有理数，则 x、y 中至少有一个为有理数。

5. 证明或否证：存在整数 m、n，使得 m^2+mn+n^2 是一个完全平方数。

6. 证明：对任意正整数 m，存在正整数 n，使得 $mn+1$ 为完全平方数。

7. 证明：存在一个二次函数 $f(n)=n^2+bn+c$，其系数 b、c 为正整数，使得对全部的正整数 n，$f(n)$ 为合数 (即非素数)。

8. 对平面上任意有限个不在同一条直线上的点，存在一个以其中三个点为顶点的三角形，其内部不包含除这三个顶点外的其他任何点。

9. 证明：如果每个大于 2 的偶自然数 n 都能被写成两个素数的和 (哥德巴赫猜想)，那么每个比 5 大的奇自然数是三个素数的和。

    还有证明全称性陈述的其他方法。比如说，对所有自然数而

言的形如

$$(\forall n \in \mathcal{N})A(n)$$

的陈述，它们通常可以由一种被叫作**归纳法**的方法证明。

3.5 归纳证明

数论是数学中最重要的分支之一，它研究的是自然数 1, 2, 3, ... 的性质。下一章中我们将讨论数论中的一些基本问题。不过现在，它为归纳证明提供了好例子。例如，假设我们想证明，对任意自然数 n，

$$1 + 2 + \ldots + n = \frac{1}{2}n(n+1).$$

第一步，我们可能会检查最开始的几种情形，看上述结果是否成立。

$n = 1 : 1 = \frac{1}{2}(1)(1+1).$ 两边都等于 1，正确。

$n = 2 : 1 + 2 = \frac{1}{2}(2)(2+1).$ 两边都等于 3，正确。

$n = 3 : 1 + 2 + 3 = \frac{1}{2}(3)(3+1).$ 两边都等于 6，正确。

$n = 4 : 1 + 2 + 3 + 4 = \frac{1}{2}(4)(4+1).$ 两边都等于 10，正确。

$n = 5 : 1 + 2 + 3 + 4 + 5 = \frac{1}{2}(5)(5+1).$ 两边都等于 15，正确。

检验一种或者两种以上的情形，并发现它们都对时，你可能会猜测，该式的确对全部的 n 都成立。不过一长串的肯定情形并不能构成一个证明。

例如，试着计算当 $n = 1, 2, 3, \ldots$ 时，多项式 $P(n) = n^2 + n + 41$ 的值。你会发现你计算得到的每个值都是素数，除非当你算到了 $n = 40$。对从 1 到 39 的所有 n，$P(n)$ 的确都是素数，但 $P(40) = 1681 = 41^2$。这个特殊的造素数的多项式是由欧拉于

1772 年发现的。

另一方面, 我们所做的一系列检验自然数求和公式的计算不仅仅只是提供了符合算式的数。当我们一个接一个地检验各种情形时, 我们开始发现这些数的规律。数学归纳法这种方法就是通过确认一个反复出现的规律来进行证明的合理方法。直观上说, 我们需要证明的是, 不论我们对想要得到的结果检验到了哪一步, 我们都能继续检验下一步。下面让我们说得更准确一些。

用数学归纳法证明。 为了用归纳法证明形如

$$(\forall n \in \mathcal{N}) A(n)$$

的陈述, 你要检验如下两条陈述:

(1) $A(1)$ (初始步骤)

(2) $(\forall n \in \mathcal{N})[A(n) \Rightarrow A(n+1)]$ (归纳步骤)

根据如下推理, 上述步骤能够推出 $(\forall n \in \mathcal{N}) A(n)$。由 (1), $A(1)$ 成立。由 (2) 的一个特殊情形, 我们有 $A(1) \Rightarrow A(2)$。因此, $A(2)$ 成立。接下来, (2) 的一个特殊情形为 $A(2) \Rightarrow A(3)$。因此, $A(3)$ 成立。依此类推, 对所有自然数都可以这么做。

需要注意的是, 我们事实上所证明的这两条陈述都不是我们想要证明的东西。我们证明的是初始情形 (1) 和条件式 (2)。从这两条陈述得到结论 $(\forall n \in \mathcal{N}) A(n)$ 所用的步骤 (正如我刚刚解释的) 就是所谓**数学归纳法原理**。

作为例子, 让我们用归纳法来证明关于自然数求和的结果。

定理　对任意 n,

$$1 + 2 + \ldots + n = \frac{1}{2} n(n+1).$$

证明　首先我们检验 $n = 1$ 时的情形。在这种情形下，等式简化为 $1 = \frac{1}{2}(1)(1+1)$。由于两边都等于 1，这是正确的。

现在我们假定，对任意 n，该等式成立：

$$1 + 2 + \ldots + n = \frac{1}{2}n(n+1).$$

把该（假定的）等式两边都加上 $(n+1)$：

$$
\begin{aligned}
1 + 2 + \ldots + n + (n+1) &= \frac{1}{2}n(n+1) + (n+1) \\
&= \frac{1}{2}[n(n+1) + 2(n+1)] \\
&= \frac{1}{2}[n^2 + n + 2n + 2] \\
&= \frac{1}{2}[n^2 + 3n + 2] \\
&= \frac{1}{2}[(n+1)(n+2)] \\
&= \frac{1}{2}(n+1)((n+1)+1).
\end{aligned}
$$

而最后的式子即为用 $n+1$ 替换 n 所得到的结果。

因此，由数学归纳法原理，我们能推断出该等式的确对全部的 n 都成立。　　　　　　　　　　　□

练习 3.5.1

在上面的证明中，

1. 写下由归纳法证明的陈述 $A(n)$。
2. 写下初始步骤 $A(1)$。
3. 写下归纳步骤，陈述 $(\forall n \in \mathcal{N})[A(n) \Rightarrow A(n+1)]$。

尽管用归纳法证明直观上看起来是显然的，其证明过程环环相扣,遍历所有的自然数,但其原理本身实际上却是相当深刻的。(说它深刻,是因为它的结论是关于自然数全体这个无穷集合的,而涉及无穷的讨论往往都不简单。)

下面是另一个例子。在该例子中,我将详细揭示该证明与归纳法原理之间的联系,尽管在实际中这并没有必要。

定理 若 $x > 0$,则对任意 $n \in \mathcal{N}$,

$$(1+x)^{n+1} > 1 + (n+1)x.$$

证明 令 $A(n)$ 为陈述

$$(1+x)^{n+1} > 1 + (n+1)x,$$

则 $A(1)$ 为陈述

$$(1+x)^2 > 1 + 2x.$$

由二项式展开

$$(1+x)^2 = 1 + 2x + x^2$$

和 $x > 0$ 的事实,$A(1)$ 为真。

下一步是证明陈述

$$(\forall n \in \mathcal{N})[A(n) \Rightarrow A(n+1)].$$

为了实现这一点,我们取任意一个 $\mathcal{N}$ 中的 n,然后证明条件式

$$A(n) \Rightarrow A(n+1).$$

为了证明该条件式,我们假定 $A(n)$ 成立,然后推导 $A(n+1)$。我

们有

$$
\begin{aligned}
(1+x)^{n+2} &= (1+x)^{n+1}(1+x) \\
&> (1+(n+1)x)(1+x) \quad [\text{由} A(n)] \\
&= 1+(n+1)x+x+(n+1)x^2 \\
&= 1+(n+2)x+(n+1)x^2 \\
&> 1+(n+2)x. \quad [\text{由于} x > 0]
\end{aligned}
$$

这便证明了 $A(n+1)$。

因此，由归纳法（即由数学归纳法原理），该定理得到证明。□

总结一下，如果你想要用归纳法证明某个陈述 $A(n)$ 对全部的自然数 n 都是成立的，那么首先，你要确认 $A(1)$ 成立。通常这只是一个朴素的观察。然后，你要给出一个能证明对任意 n，条件式

$$
A(n) \Rightarrow A(n+1)
$$

成立的代数论证。一般来说，你可以这么做。假定 $A(n)$，考虑陈述 $A(n+1)$，然后试图将它简化成与 $A(n)$ 相关的陈述。由于已经假定了 $A(n)$ 为真，我们因而能够推导出 $A(n+1)$ 的真实性。完成这一步后，根据数学归纳法原理，归纳证明便完成了。

为了正规地给出一个归纳证明，要记住三点。

(1) 清楚地说明使用的是归纳法。

(2) 证明 $n=1$ 的情形（或至少给出清楚的分析，指出该情形显然为真，如果的确是这种情形的话）。

(3) （困难的部分。）证明条件式

$$
A(n) \Rightarrow A(n+1).
$$

有时候，在证明像

$$(\forall n \geqslant n_0)A(n) \quad \text{（其中 } n_0 \text{ 是某个给定的自然数）}$$

这样的陈述时，会用到归纳法的一个变体。在这种情形下，归纳法的第一步不是验证 $A(1)$（其可能不为真），而是验证 $A(n_0)$（第一个情形）。证明的第二步由陈述

$$(\forall n \geqslant n_0)[A(n) \Rightarrow A(n+1)]$$

的证明构成。下面的定理（**算术基本定理**的一部分），就是这种情况。

定理　*每个比 1 大的自然数要么是素数，要么是素数的积。*

证明　首先，你可能认为要通过归纳法来证明的陈述是

$$(\forall n \in \mathcal{N})A(n),$$

这里

$A(n)$ 为：n 要么为素数，要么为素数的积。

然而，我们很快会发现，用（更强的）陈述 $B(n)$ 替换 $A(n)$，证明起来可能会更方便。这里，

$B(n)$ 为：每个 $1 < m \leqslant n$ 的自然数 m，

要么为素数，要么为素数的积。

于是，现在我们用归纳法证明，对所有大于 1 的自然数 n，$B(n)$ 都为真。证明完这一点，定理显然便得证了。

对 $n=2$，结果是平凡的：因为 2 是素数，$B(2)$ 成立。（注意，在这种情形下，我们必须从 $n=2$ 开始，而不是由更常见的 $n=1$ 开始。）

现在假定 $B(n)$，我们推导 $B(n+1)$。令 m 为满足 $1<m\leqslant n+1$ 的自然数。若 $m\leqslant n$，则由 $B(n)$，m 要么为素数，要么为素数的积。所以为了证明 $B(n+1)$，我们只需要证明 $n+1$ 自己要么为素数，要么为素数的积。如果 $n+1$ 为素数，那么便不需要再多说什么了。否则，$n+1$ 为合数，这意味着存在自然数 p、q，使得

$$1<p,q<n+1$$

以及

$$n+1=pq.$$

现在 $p,q\leqslant n$，由 $B(n)$ 有 p 和 q 均要么为素数，要么为素数的积。不过这样的话，$n+1=pq$ 也是素数的积。这便完成了 $B(n+1)$ 的证明。

现在由归纳法便能得到前述定理。更准确地说，数学归纳法原理给出了陈述

$$(\forall n\in\mathcal{N})B(n)$$

的正确性，而由该陈述，很简单便能推出该定理。　　　　□

当然，在上面的例子里，条件式

$$B(n)\Rightarrow B(n+1)$$

证明起来相当容易。（事实上，我们之所以用 $B(n)$，而没有用我们之前提到的更显然的选择 $A(n)$，正是为了使用这个简单的论

证。) 不过在许多情形中, 这一步确实需要发挥聪明才智。但不要因此就把归纳步骤中用以证明

$$(\forall n \in \mathcal{N})[A(n) \Rightarrow A(n+1)]$$

的技术性子证明, 与为了得出主要结论

$$(\forall n \in \mathcal{N})A(n)$$

的归纳法主证明混为一谈。没有声明使用的是归纳法证明, 也没有证明 $A(1)$ 成立的观察或证明, 证明条件式 $[A(n) \Rightarrow A(n+1)]$ 的技术即使再聪明, 它也终究不是陈述 $(\forall n \in \mathcal{N})A(n)$ 的一个证明。

练习 3.5.2

1. 使用归纳法证明前 n 个奇数的和等于 n^2。

2. 用归纳法证明下列陈述。

    (a) $4^n - 1$ 能被 3 整除。

    (b) 对全部的 $n \geqslant 5$, $(n+1)! > 2^{n+3}$。

3. 记号

$$\sum_{i=1}^{n} a_i$$

  是和

$$a_1 + a_2 + a_3 + \ldots + a_n$$

的一个常用缩写。例如,

$$\sum_{r=1}^{n} r^2$$

表示和

$$1^2 + 2^2 + 3^2 + \ldots + n^2.$$

用归纳法证明下列陈述。

(a) $\forall n \in \mathcal{N} : \sum_{r=1}^{n} r^2 = \frac{1}{6} n(n+1)(2n+1).$

(b) $\forall n \in \mathcal{N} : \sum_{r=1}^{n} 2^r = 2^{n+1} - 2.$

(c) $\forall n \in \mathcal{N} : \sum_{r=1}^{n} r \cdot r! = (n+1)! - 1.$

4. 在本节中，我们用归纳法证明了一般定理：

$$1 + 2 + \ldots + n = \frac{1}{2} n(n+1).$$

还有一个不用归纳法的证明。高斯用该证明中的关键思想证明了老师在课堂上提出的一个"繁重的"算术问题，而那时他还只是学校里的一个小孩子。老师让班里的孩子计算前 100 个自然数的和。高斯提出，若

$$1 + 2 + \ldots + 100 = N,$$

则我们倒过来加，也能得到一样的答案：

$$100 + 99 + \ldots + 1 = N.$$

通过将两个等式相加，你得到

$$101 + 101 + \ldots + 101 = 2N.$$

由于该和式中有 100 项，它能被写成

$$100 \cdot 101 = 2N.$$

因此，

$$N = \frac{1}{2}(100 \cdot 101) = 5050.$$

推广高斯的思想，不用归纳法，证明该定理。

第4章

证明一些关于数的结论

尽管本书的重点是讲一种特殊的思维（而不是讲任何具体的数学），但从数学证明的角度来说，整数和实数为说明数学证明提供了便利的数学领域（分别为数论和初等实分析）。从教育的观点来看，它们主要的优势在于，每个人对这两个数的系统都有一定的了解，但却很可能并不了解它们的数学理论。

4.1 整数

大多数人对整数的经验来自于初等算术。然而对整数的数学研究（超越单纯的计算而深入研究这些数所呈现的抽象性质），则可以追溯回公元前 700 年我们可识别的数学的开端。这类研究现在已经发展为纯数学最重要的分支之一：数论。大多数大学数学专业的学生会觉得数论是他们学习的最迷人的课程之一，不仅仅是因为这门课程充满了易于陈述却需要大量聪明才智才能解决的诱人问题（如果它们确实已经被解决了的话），也因为其中一些结果在现代生活中有着重要应用，其中互联网安全可算是最重要的一个。不过，由于我的目标不同，本书中我们将只触及数论的皮毛。但如果在本节中你看到了使你好奇的东西，我会推荐你深入地探索下去。你不会失望的。

数学对整数的兴趣并不在它们在计数中的应用，而在它们的算术系统：任意给定两个整数，你可以把它们相加、用一个减去另一个或者把它们相乘，而结果都将得到另一个整数。除法却没有这么直接，而这就是事情开始变得格外有趣的地方。对某些整数对，比如 5 和 15，可以做除法：用 5 除 15，得到整数结果 3。对另外一些，比如 7 和 15，除非允许分式结果，否则除法是不可能的（这会把你带出整数的范畴）。

如果你把算术限制在整数上，那么除法实际上会给出两个数，**商**和**余数**。例如，如果用 4 去除 9，你会得到商 2 和余数 1：

$$9 = 4 \cdot 2 + 1.$$

这是关于整数的第一个正式定理（除法定理）的特殊情形。至于其证明，不妨让我们回顾一下**绝对值**的概念。

给定任意整数 a，令 $|a|$ 表示其去掉任何负号的结果。$|a|$ 的正式定义明确了两种情形：

$$|a| = \begin{cases} a, & \text{若 } a \geqslant 0, \\ -a, & \text{若 } a < 0. \end{cases}$$

例如，$|5| = 5$，而 $|-9| = 9$。

数 $|a|$ 被称为 a **的绝对值**。

定理 4.1.1 (除法定理)　令 a、b 为整数，$b > 0$，则存在唯一的整数 q、r，使得 $a = q \cdot b + r$，且 $0 \leqslant r < b$。

证明 有两件事需要证明：存在 q、r 满足我们所说的性质，并且这样的 q、r 是唯一的。我们先证明存在性。

思路是，考虑所有形如 $a-kb$（k 是整数）的非负整数，并且证明其中之一小于 b。（当 $a-kb$ 小于 b 时，这样的 k 便是一个恰当的 q，而 r 的值便由 $r=a-kb$ 给出。）

是否存在 $a-kb \geqslant 0$ 这样的整数？是的，的确存在。取 $k=-|a|$。于是，由于 $b \geqslant 1$，

$$a - kb = a + |a| \cdot b \geqslant a + |a| \geqslant 0.$$

由于 $a-kb \geqslant 0$ 这样的整数的确存在，当然会有一个最小的。把它叫作 r，而把 q 取作上述情况发生时 k 的值，从而 $r=a-qb$。为了完成（对存在性的）证明，我们来证明 $r<b$。

假设不然，则 $r \geqslant b$。于是，

$$a - (q+1)b = a - qb - b = r - b \geqslant 0.$$

因此，$a-(q+1)b$ 是形如 $a-kb$ 的非负整数。但 r 是我们所选择的最小的一个，而 $a-(q+1)b < a-qb=r$，所以该情形与我们之前所得的情形矛盾。因此，必须有 $r<b$，而这也是我们所想证明的。

接下来需要证明 q、r 的唯一性。思路是，证明如果存在 a 的表示

$$a = qb + r = q'b + r'$$

满足 $0 \leqslant r, r' < b$，那么实际上 $r=r'$，$q=q'$。

一开始，我们重新排列上面的等式，将其写成

$$r' - r = b \cdot (q - q'). \tag{1}$$

然后取绝对值：

$$|r' - r| = b \cdot |q - q'|. \tag{2}$$

然而，

$$-b < -r \leqslant 0 \ 并且 \ 0 \leqslant r' < b.$$

将两式合并，能得到

$$-b < r' - r < b,$$

或者说

$$|r' - r| < b.$$

因此，由 (2)，有

$$b \cdot |q - q'| < b.$$

这蕴涵着

$$|q - q'| < 1.$$

现在仅有一种可能性，即 $q - q' = 0$，也就是 $q = q'$。由 (1)，这马上能推出 $r = r'$。证明便完成了。 □

如果这是你所遇到的第一个严格而全面的定理证明，那么你大概需要花一些时间来消化它。结果本身并不深奥，它是我们全都熟悉的东西。一言以概之，在这里我们的重点是，学习我们用来证明除法定理**对全部的**整数对都为真的方法。现在你花些时间弄清楚上面的证明如何发挥作用，知道为什么它的每一步都重要。将来你遇到更难的证明时，你会发现现在所花的时间没有白费。

通过从像除法定理这样的简单结果的证明中获取经验，数学家对证明的方法变得有信心起来，从而也能接受那些看起来完全不显然的结果了。

例如，19 世纪时，著名德国数学家希尔伯特描述了一座有着一种奇异性质的假想旅馆。希尔伯特旅馆是一座有着无穷多间房间的终极旅馆。和大多数旅馆一样，该旅馆的房间都是用自然数 1、2、3 等来标记的。

一天晚上，所有的房间都住满了人。这时来了一位新客人。

"很抱歉，"前台接待员说，"所有的房间都住满了，您必须去别处住了。"

这位客人是个数学家。他想了想后说："有一个方法能让你给我一间房，并且也不需要赶走任何一位已经住下的客人。"

［在我继续这个故事前，你不妨试试自己是否能够发现这位数学家所想到的答案。］

接待员很怀疑，不过他还是请这位数学家说明，如何在不需要赶走已经住进旅馆的任何一个人的情况下，腾出一间房。

"很简单，"数学家开始说，"你把每个人都搬到下一个房间去。所以房间 1 中的人搬到房间 2，房间 2 中的人搬到房间 3，依次下去，直到整个旅馆的人都这么做。一般地说，也就是房间 n 中的人搬到房间 $n+1$。这么做后，房间 1 就空出来了。你把我放在房间 1 就行了！"

接待员想了一会，便认可了这个办法。把额外的客人安排在一间完全满员的旅馆而不需要赶走任何人，这的确是可能的。这位数学家的推理完全合理。因此，这位数学家当晚得到了一个房间。

关于希尔伯特旅馆的论述，其关键是该旅馆有无穷多间房间。事实上，这个故事是希尔伯特为了描述无穷的几个出人意料的性质之一而写的。你应该推敲一下上面的论述。从这个故事中你不会学到任何关于现实世界的旅馆的新东西，但你对无穷的了解会变得多一点。

理解无穷的重要性在于，它对现代科学与工程的基石 —— 微积分至关重要。处理无穷的一种方法是，明确描述如何实现无穷多步的这个过程。

当你理解了希尔伯特的解答，并认可这个解答后（也许你并不认为这里有什么深刻的东西），尝试解答下面的改编习题。

练习 4.1.1

1. 还是和之前一样，希尔伯特旅馆的情形。不过这一次，有两位客人来到已经住满人的旅馆。如何才能安排他们入住不同的房间，而不需要赶走任何人？

2. 这一次，前台接待员遇到了更头疼的问题。旅馆已经满了，但又来了一支有无穷多人的旅行团，团里的成员每个人都戴着一个徽章，上面写着"你好，我是 N"，这里 $N = 1, 2, 3, \ldots$ 这个接待员能找到一个办法，让所有新来的客人都有一个房间，而不需要赶走任何已住进来的客人吗？该怎样做？

希尔伯特旅馆这样的例子描述了数学中严格证明的重要性。当用来检验像除法定理这样"显然的"结果时，它们可能显得有些琐碎，但当同样的方法被应用于我们不太熟悉的事件时（比如像涉及无穷的问题），严格证明便是我们唯一能够依赖的了。

之前所述的除法定理仅能用于整数 a 被正整数 b 除的情况。更一般的定理是：

定理 4.1.2 (广义除法定理)　令 a、b 为整数，$b \neq 0$，则存在唯一的整数 q、r，使得

$$a = q \cdot b + r \text{ 且 } 0 \leqslant r < |b|.$$

证明　$b > 0$ 的情形已经在定理 4.1.1 中解决了，所以现在假定 $b < 0$。由于 $|b| > 0$，应用定理 4.1.1，得到唯一的整数 q'、r'，

使得

$$a = q' \cdot |b| + r' \text{ 且 } 0 \leqslant r' < |b|.$$

令 $q = -q'$，$r = r'$，那么由于 $|b| = -b$，我们得到

$$a = q \cdot b + r \text{ 且 } 0 \leqslant r < |b|.$$

这正是我们所需要的。 □

定理 4.1.2 有时也被叫作除法定理。数 q 在它和定理 4.1.1 中，都被叫作 a 被 b 除的**商**，而 r 都被叫作**余数**。

尽管除法定理很简单，但许多结果的计算过程都用到了它。比如（这是一个非常简单的例子），当你在搜索素数的平方这种数时，知道任何奇数的平方是 8 的倍数加 1 是很有帮助的。（例如，$3^2 = 9 = 8 + 1$，$5^2 = 25 = 3 \cdot 8 + 1$。）为了验证这个事实，注意到由除法定理，任何一个数都能写成如下四种形式之一，$4q$、$4q+1$、$4q+2$、$4q+3$，从而任何奇数都能写成这两种形式之一，$4q+1$、$4q+3$。对这两种形式的数取平方能得到

$$(4q+1)^2 = 16q^2 + 8q + 1 \ = 8(2q^2 + q) + 1,$$
$$(4q+3)^2 = 16q^2 + 24q + 9 = 8(2q^2 + 3q + 1) + 1.$$

在两种情形中，结果都是 8 的倍数加 1。

若 a 被 b 除的余数为 0，则我们说 a**能被 b 整除**。也就是说，整数 a 能被一个非零整数 b 整除当且仅当存在整数 q，使得 $a = b \cdot q$。例如，45 能被 9 整除，而 44 不能被 9 整除。a 能被 b 整除的标准记法是 $b|a$。注意，由定义，$b|a$ 蕴涵着 $b \neq 0$。

尤其应该注意，$b|a$ 表示的是两个数 a 和 b 之间的**关系**。它可以为真，也可以为假。它并不是一个数。要注意，不要把 $b|a$ 和 a/b 搞混。（后者**是**表示一个数。）

下面的练习使用了全体整数集合的标准记法 $\mathcal{Z}$。（字母 Z 来源于德语中意为数的 "Zahlen" 一词。）

练习 4.1.2

1. 尽可能清楚而准确地表述 $b|a$ 和 a/b 之间的关系。
2. 判断下列各条的真伪，并证明你的回答。

    (a) $0|7$

    (b) $9|0$

    (c) $0|0$

    (d) $1|1$

    (e) $7|44$

    (f) $7|(-42)$

    (g) $(-7)|49$

    (h) $(-7)|(-56)$

    (i) $2708|569401$

    (j) $(\forall n \in \mathcal{N})[2n|n^2]$

    (k) $(\forall n \in \mathcal{Z})[2n|n^2]$

    (l) $(\forall n \in \mathcal{Z})[1|n]$

    (m) $(\forall n \in \mathcal{N})[n|0]$

    (n) $(\forall n \in \mathcal{Z})[n|0]$

    (o) $(\forall n \in \mathcal{N})[n|n]$

    (p) $(\forall n \in \mathcal{Z})[n|n]$

下面的定理列出了整除性的基本性质。

定理 4.1.3 令 a、b、c、d 为整数，$a \neq 0$，则：

(i) $a|0$，$a|a$；

(ii) $a|1$ 当且仅当 $a = \pm 1$；

(iii) 若 $a|b$ 且 $c|d$，则 $ac|bd(c \neq 0)$；

(iv) 若 $a|b$ 且 $b|c$，则 $a|c(b \neq 0)$；

(v) [$a|b$ 且 $b|a$] 当且仅当 $a = \pm b$；

(vi) 若 $a|b$ 且 $b \neq 0$，则 $|a| \leqslant |b|$；

(vii) 若 $a|b$ 且 $a|c$，则对任何整数 x、y，$a|(bx + cy)$。

证明 每种情形的证明都只需要回顾一下 $a|b$ 的定义。例如，要证明 (iv)。假设说的是，存在整数 d 和 e，使得 $b = da$ 且 $c = eb$，则马上能得到 $c = (de)a$，从而 $a|c$。考虑另一种情形 (vi)。由于 $a|b$，那么存在整数 d 使得 $b = da$。因此，$|b| = |d| \cdot |a|$。由于 $b \neq 0$，我们必然有 $d \neq 0$，所以 $|d| \geqslant 1$。因此，如我们所想要的，有 $|a| \leqslant |b|$。其余情形的证明留作练习。 □

练习 4.1.3

1. 证明定理 4.1.3 的所有部分。

2. 证明：每个奇数都具有形式 $4n + 1$ 或 $4n + 3$。

3. 证明：对任意整数 n，n、$n + 2$、$n + 4$ 中至少有一个能被 3 整除。

4. 证明：若 a 为一个奇整数，则 $24|a(a^2 - 1)$。[提示：看看定理 4.1.2 后的例子。]

5. 证明下面这个版本的除法定理。给定整数 a、b，$b \neq 0$，那么存在唯一的整数 q 和 r，使得

$$a = qb + r \ \text{且} \ -\frac{1}{2}|b| < r \leqslant \frac{1}{2}|b|.$$

（提示：把 a 写成 $a = q'b + r'$，其中 $0 \leqslant r' < |b|$。若 $0 \leqslant r' \leqslant \frac{1}{2}|b|$，令 $r = r'$，$q = q'$。若 $\frac{1}{2}|b| < r' < |b|$，令 $r = r' - |b|$，并且当 $b > 0$ 时，令 $q = q' + 1$，当 $b < 0$ 时，令 $q = q' - 1$。)

我们已经见过了欧几里得关于存在无穷多个素数的证明。**素数**的正式定义是，只能被 1 和其自身整除的大于 1 的整数 p。

大于 1 的非素数自然数 n 被称为**合数**。

练习 4.1.4

1. 下列陈述是否准确地定义了素数? 解释你的回答。若该陈述不能定义素数,
   修改它以使其能够定义素数。

$$p \text{ 为素数当且仅当 } (\forall n \in \mathcal{N})[(n|p) \Rightarrow (n = 1 \vee n = p)]。$$

2. 数论中一个经典的未解决问题是,是否存在无穷多对"孪生素数",即相差
   2 的一对素数,比如 3 和 5, 11 和 13 或 71 和 73。证明唯一的三素数组(即
   三个素数,相邻两个之差为 2)是 3、5、7。

3. 有一个关于素数的标准结果(被称为欧几里得引理):若 p 为素数,则只要
   p 能整除 ab,p 就至少能整除 a、b 中的一个。证明它的逆命题,即凡是(对
   任意数对 a、b)具有该性质的自然数都是素数。

　　人们对素数的兴趣大多源自于它们在自然数中所具有的基
本性质,如**算术基本定理**中的:每个比 2 大的自然数要么为素
数,要么能被唯一地写成素数的积(不考虑这些素数的顺序)。
　　例如,

$$4 = 2 \times 2 = 2^2$$
$$6 = 2 \times 3$$
$$8 = 2 \times 2 \times 2 = 2^3$$
$$9 = 3 \times 3 = 3^2$$
$$10 = 2 \times 5$$
$$12 = 2 \times 2 \times 3 = 2^2 \cdot 3$$
$$\cdots$$
$$3366 = 2 \cdot 3^2 \cdot 11 \cdot 17$$
$$\cdots$$

把一个合数写成素数的积的形式被称为它的**素数分解**。了解一个数的素数分解能告诉你它的许多数学性质。从这个角度看，素数之于数学家就好像元素之于化学家或原子之于物理学家。

假定欧几里得引理（练习 4.1.4(3) 中提到的结果，若素数 p 能整除积 ab，则 p 能整除 a、b 中的至少一个），我们能证明算术基本定理。（欧几里得引理并不是非常难，只不过它不在我想要培养数学思维的目标之内。）

定理 4.1.4 (算术基本定理)　任意比 2 大的自然数要么为素数，要么在不考虑顺序的情况下，能被唯一地写成一系列素数的积。

证明　我们先证明素数分解的存在性。（这部分不需要欧几里得引理。）我们的方法是反证法。假定存在一个不能被写成素数的积的合数，那么存在一个最小的这样的数，把它叫作 n。由于 n 不是素数，那么存在数 a、b，$1 < a, b < n$，使得 $n = a \cdot b$。

若 a 和 b 为素数，则 $n = a \cdot b$ 是 n 的一个素数分解。于是我们得到了矛盾。

若 a、b 中至少有一个为合数，则由于该数比 n 小，它必然是素数的积，从而通过把 a 和 b 中的一个或者两个换成它们的素数分解，并代入 $n = a \cdot b$，我们得到 n 的一个素数分解。我们再一次得到了矛盾。

现在我们来证明唯一性。再次使用反证法。假定有一个合数，能用两种本质上不同的方法把它写成素数的积。令 n 为最小的这样的数，并且令

$$n = p_1 \cdot p_2 \cdot \ldots \cdot p_r = q_1 \cdot q_2 \cdot \ldots \cdot q_s \qquad (*)$$

为 n 的两种不同的素数分解。

因为 p_1 整除 $(q_1)(q_2 \cdot \ldots \cdot q_s)$，根据欧几里得引理，要么 $p_1 | q_1$，要么 $p_1 | (q_2 \cdot \ldots \cdot q_s)$。因此，要么 $p_1 = q_1$，要么 $p_1 = q_i$，这里 i 是 2 和 s 之间的一个数。更确切地说，对 1 和 s 之间的某个 i，$p_1 = q_i$。不过，如果这样的话，那么将 p_1 和 q_i 从分解 (*) 中移除，我们能得到一个比 n 小的数，它也有两种不同的素数分解，这和我们选择 n 为最小的这样的数矛盾。

证明完成。 □

练习 4.1.5

1. 尝试证明欧几里得引理。如果你不能的话，继续后面的练习。

2. 在大多数初等数论的教科书中，以及在网上，你都能找到欧几里得引理的证明。找到它的一个证明并务必理解它。如果你从网上找到一个证明，那么你需要检查它是否正确。网上充斥着错误的数学证明。尽管维基百科上的错误证明通常能够得到快速纠正，但时不时也会发生证明被破坏的情况：一个好心的贡献者试图简化证明，却使该证明变成了错误的证明。学会如何良好地利用网络资源是成为一名优秀的数学思维者的重要部分。

3. 一个美妙的并被认为是有用的（在数学中和在现实应用中）关于素数的结果是**费马小定理**：若 p 为素数，且 a 为一个不是 p 的倍数的自然数，则 $p | (a^{p-1} - 1)$。（在教科书中或者在网上）找到并理解该结果的一个证明。（再一次地，对你从网上找到的作者未知或未标明的证明，你要留意它的数学证明是否正确。）

4.2 实数

[如果你对初等集合论还并不熟悉，那么在继续阅读本章下面的内容前，你应该先读一下附录。]

数来自于两种不同的人类认知概念的形式化：计数与测量。基于化石记录，人类学家相信，这两个概念的存在与使用比数的引入要早数千年。早在 35 000 年前，人类就在骨头上刻痕（很可能在木棍上也这么做过，但木棍没能保留下来，也就无从寻找）以记录事件，大概是以月或四季为周期。还有，他们似乎曾用木棍或藤蔓的长度来测量长度。然而，数本身，作为骨头上的刻痕数目或者测量工具的长度的抽象，它们的第一次出现似乎要晚得多，大约在 10 000 年前，它们才在计数情形中出现。

这些活动带来了两种不同类型的数：离散的用来计数的数以及连续的实数。直到 19 世纪，随着现代实数系统的建立，这两类数之间的联系才得以确定。这个问题之所以花费了这么长时间才得以解决，原因很微妙。尽管实数的构造超出了本书的范围，但我可以解释一下这个问题是什么。

通过展示如何从整数 $\mathcal{Z}$（Z 取自意为数的"Zahlen"）出发，首先定义有理数 $\mathcal{Q}$（Q 取自意为商的"Quotient"），然后用有理数定义实数 $\mathcal{R}$，整数与实数这两种数的概念之间的联系才得以建立。

从整数出发来定义有理数是很直接的，毕竟一个有理数只是两个整数的比。（事实上，由整数来构造有理数系统并不是完完全全那么平凡。尝试一下下面的练习。）

练习 4.2.1

1. 取整数系 $\mathcal{Z}$ 作为给定数系。通过对每对整数 a、$b(b \neq 0)$ 取商 a/b，来定义一个更大的系统 $\mathcal{Q}$，使其能够延拓 $\mathcal{Z}$。你会怎样来定义这样一个系统？特别是，你如何回答这个问题，"什么是商 a/b"？（你不能用实际的商数来回答，因为直到定义了 $\mathcal{Q}$，才有了商的概念。）

2. 找到一个从整数构造有理数的描述，并且理解它。再次提醒，对于从网上找到的描述，要注意它的数学内容是否正确。

    有了有理数，你便有了一个足以实现任何准确测量的数的系统。这能由有理数的以下性质体现出来。

    定理 4.2.1   若 r、s 为有理数，$r < s$，则存在有理数 t，使得 $r < t < s$。

    证明 令

$$t = \frac{1}{2}(r + s).$$

显然，$r < t < s$。但是否有 $t \in \mathcal{Q}$? 不妨令 $r = m/n$, $s = p/q$, 这里 $m, n, p, q \in \mathcal{Z}$，我们有

$$t = \frac{1}{2}\left(\frac{m}{n} + \frac{p}{q}\right) = \frac{mq + np}{2nq}.$$

因为 $mq + np, 2nq \in \mathcal{Z}$，我们能推出 $t \in \mathcal{Q}$。   □

    上面这条任意两个不相等的有理数之间存在第三个有理数的性质被称为**稠密性**。

    因为有稠密性，对于世界上的实际测量，你只需要有理数就够了。在任意两个有理数之间，存在第三个。因此，任意两个有理数之间存在无穷多个其他有理数。所以利用有理数，你能够测量世界上的任何东西到你需要的任意精度。

    但你需要实数来做数学。当古希腊人发现，长和高均为 1 的直角三角形的斜边不是有理数的时候，他们意识到有理数不足以做（理论上的）数学测量。（我们在前面证明过 $\sqrt{2}$ 是无理数的著名结果。）这并不是建筑工程师或木匠所面临的问题，尽管他们需要与直角三角形打交道，而是数学本身的一个主要障碍。

问题是，尽管有理数是稠密的（正如上面所定义的），但有理数轴上仍然有"洞"。例如，若我们令

$$A = \{x \in \mathcal{Q} | x \leqslant 0 \vee x^2 < 2\},$$

$$B = \{x \in \mathcal{Q} | x > 0 \wedge x^2 \geqslant 2\},$$

则 A 的每个元素都比 B 的每个元素小，并且

$$A \cup B = \mathcal{Q}.$$

但 A 没有最大数，而 B 也没有最小数（你很容易便能检验），所以 A 和 B 之间存在某种洞。当然，$\sqrt{2}$ 应该就位于这种洞上。$\mathcal{Q}$ 有这样的洞，该事实使得尽管它已经足以用于我们所有的测量，但它还是不适合某些数学目的。事实上，这种连方程

$$x^2 - 2 = 0$$

都在其中无解的数系，不能支持更高级的数学。

如果说，在一条像有理数轴这样塞得非常紧的线上存在洞的想法显得有些奇怪，那么在数学家最终找到如何填充这些洞的办法时，事情就变得更奇怪了。填进这些洞的数被称为**无理数**。有理数和无理数放在一起，组成了所谓的**实数**。当你填补有理数轴上的这些洞时，你得到了比你期望的更多的数。任意两个有理数之间不仅存在无穷多个无理数，而且从非常精确的角度来说，它们之间存在的无理数要比它们之间存在的有理数"多无限多个"。于是无理数统治了实数轴，如果你随机选取一个实数，那么从数学概率上说，该数为无理数的概率是 1。

有几种严格的方法，可以从有理数构造实数，但它们都超出了本书的范围。不过直观来讲，思路是，允许实数的十进制展开有无

穷位。如果十进制展开为无限循环小数,那么该展开表示一个有理数,比如 0.333...,它表示 1/3,或者 0.142857 142857 142857...,它表示 1/7。但如果没有循环模式,结果便是一个无理数,例如 $\sqrt{2}$ 的前数十位是 1.4142135623730950488016887242096980 7...,还可以继续往下展开且不出现循环模式。

4.3 完备性

从实数系统的构造中得到的最有价值的一个结果是,抽象出了实数的一个简单性质,使其能够表述且准确说明实数是如何填充有理数轴上的无限小的洞的。它被称为**完备性性质**。在我解释它之前,我们需要对把实数轴看作一个有序集有所了解。

实数 $\mathcal{R}$ 的某些类型的子集在数学中频繁出现,方便起见,我们为它们引入一个特殊的记号。

我们用**区间**表示实数轴上不间断的一段。有一些广泛使用的标准记法,来表示不同种类的区间。

令 $a, b \in \mathcal{R}$,$a < b$。**开区间** (a,b) 是集合

$$(a,b) = \{x \in \mathcal{R} | a < x < b\}.$$

闭区间 $[a,b]$ 是集合

$$[a,b] = \{x \in \mathcal{R} | a \leqslant x \leqslant b\}.$$

这里要注意的一点是,a 和 b 都不是 (a,b) 的元素,但 a 和 b 都是 $[a,b]$ 的元素。(这个看起来平凡的区别在初等实分析中却相当重要。)因此,(a,b) 是实数轴上始于“恰好在 a 之后”和终于“恰好在 b 之前”的一段,而 $[a,b]$ 是始于 a 终于 b 的一段。

上面的记法显然能够进行扩展。我们称

$$[a,b) = \{x \in \mathcal{R} | a \leqslant x < b\}$$

为**左闭右开**区间，而

$$(a,b] = \{x \in \mathcal{R} | a < x \leqslant b\}$$

为**左开右闭**区间。

$[a,b)$ 和 $(a,b]$ 有时也被称为**半开**（或**半闭**）区间。

最后，我们令

$$(-\infty, a) = \{x \in \mathcal{R} | x < a\},$$
$$(-\infty, a] = \{x \in \mathcal{R} | x \leqslant a\},$$
$$(a, +\infty) = \{x \in \mathcal{R} | x > a\},$$
$$[a, +\infty) = \{x \in \mathcal{R} | x \geqslant a\}.$$

注意，符号 ∞ 从来不会与方括号搭配。这也许会引起误会，因为 ∞**不是数**，而只是一个有用的符号。在上面的定义中，它只是帮助我们扩展一种方便的记法以涵盖另一种情况。

练习 4.3.1

1. 证明两个区间的交还是区间。两个区间的并还是区间吗？

2. 取 $\mathcal{R}$ 作为全集，将下列式子尽可能简单地表达成区间和区间的并。（注意，A' 表示集合 A 相对于给定全集的补集，在这里全集为 $\mathcal{R}$。更多内容见附录。）

    (a) $[1,3]'$

    (b) $(1,7]'$

    (c) $(5,8]'$

    (d) $(3,7) \cup [6,8]$

    (e)　$(-\infty, 3)' \cup (6, \infty)$

    (f)　$\{\pi\}'$

    (g)　$(1, 4] \cap [4, 10]$

    (h)　$(1, 2) \cap [2, 3)$

    (i)　A'，这里 $A = (6, 8) \cap (7, 9]$

    (j)　A'，这里 $A = (-\infty, 5] \cup (7, +\infty)$

现在我们已经可以开始一窥，现代实数系统是如何解决"填充有理数轴上的洞"这个问题的了。

给定实数集 A，满足 $(\forall a \in A)[a \leqslant b]$ 的数 b，被称为 A 的**上界**。

如果 b 还满足，对 A 的任何上界 c，有 $b \leqslant c$，那么我们称 b 为 A 的**上确界**。

相同的定义当然也适用于整数集或有理数集。

A 的上确界通常写为 $\mathrm{lub}(A)$。

实数系统的完备性性质说的是，任何一个（在 $\mathcal{R}$ 中）有上界的非空实数集都（在 $\mathcal{R}$ 中）有上确界。

练习 4.3.2

1. 证明：若整数/有理数/实数集 A 有上界，则它有无穷多个不同的上界。

2. 证明：若整数/有理数/实数集 A 有上确界，则该上确界唯一。

3. 令 A 为一个整数/有理数/实数集。证明 b 是 A 的上确界当且仅当：

    (a)　$(\forall a \in A)(a \leqslant b)$；且

    (b)　只要 $c < b$，就有 $a \in A$，使得 $a > c$。

4. 下面是对上确界的刻画的常见变体。证明 b 是 A 的上确界当且仅当：

    (a)　$(\forall a \in A)(a \leqslant b)$；且

    (b)　$(\forall \epsilon > 0)(\exists a \in A)(a > b - \epsilon)$。

5. 给出没有上界的整数集的例子。

6. 证明：任意有限的整数/有理数/实数集都有上确界。

7. 区间：什么是 lub(a,b)? 什么是 lub$[a,b]$? 什么是 max(a,b)? 什么是 max$[a,b]$?

8. 令 $A = \{|x-y| | x,y \in (a,b)\}$。证明 A 有上界。什么是 lub(A)?

9. 定义整数/有理数/实数集的**下界**。

10. 根据我们对上确界的定义，类似地定义整数/有理数/实数集的**下确界**（glb）。

11. 陈述并证明对于问题 3 的下确界类比。

12. 陈述并证明对于问题 4 的下确界类比。

13. 证明：实数系统的完备性性质也能由陈述"任何有下界的非空实数集都有下确界"等价地定义。

14. 出于一个平凡的原因，整数也有完备性性质。这个原因是什么？

定理 4.3.1 有理数轴 $\mathcal{Q}$ 不具备完备性性质。

证明 令

$$A = \{r \in \mathcal{Q} | r \geqslant 0 \land r^2 < 2\}.$$

A 在 $\mathcal{Q}$ 中有上界 2，但它在 $\mathcal{Q}$ 中没有上确界。直观上说，这是因为它唯一可能的上确界为 $\sqrt{2}$，而我们知道 $\sqrt{2}$ 不属于 $\mathcal{Q}$。不过，我们将严格证明这一点。

令 $x \in \mathcal{Q}$ 为 A 的任意一个上界。我们证明，$\mathcal{Q}$ 中存在比 x 小的上界。

令 $x = p/q$，这里 $p, q \in \mathcal{N}$。

首先假设 $x^2 < 2$。因此，$2q^2 > p^2$。现在，随着 n 变大，表达式 $n^2/(2n+1)$ 无限增大，所以我们能选择一个足够大的 $n \in \mathcal{N}$ 满足

$$\frac{n^2}{2n+1} > \frac{p^2}{2q^2 - p^2}.$$

重排上式，能得到

$$2n^2q^2 > (n+1)^2p^2.$$

因此，

$$\left(\frac{n+1}{n}\right)^2 \frac{p^2}{q^2} < 2.$$

令

$$y = \left(\frac{n+1}{n}\right)\frac{p}{q},$$

因此，$y^2 < 2$。现在，由于 $(n+1)/n > 1$，我们有 $x < y$。但 y 是有理数且我们刚才得到 $y^2 < 2$，从而 $y \in A$。这与 x 是 A 的上界矛盾。

既然如此，我们必有 $x^2 \geqslant 2$。没有有理数的平方等于 2，这意味着 $x^2 > 2$。因此，$p^2 > 2q^2$，从而我们能取足够大的 $n \in \mathcal{N}$，使得

$$\frac{n^2}{2n+1} > \frac{2q^2}{p^2 - 2q^2}.$$

通过重排，上式变成

$$p^2n^2 > 2q^2(n+1)^2,$$

即

$$\frac{p^2}{q^2}\left(\frac{n}{n+1}\right)^2 > 2.$$

令

$$y = \left(\frac{n}{n+1}\right)\frac{p}{q},$$

那么 $y^2 > 2$。由于 $n/(n+1) < 1$，$y < x$。但这样的话，就有对任意 $a \in A$，$a^2 < 2 < y^2$，$a < y$。因此，y 是 A 的一个比 x 小的上界，而这正是我们要证明的。 $\square$

练习 4.3.3

1. 令 $A = \{r \in \mathcal{Q}|r > 0 \wedge r^2 > 3\}$。证明：$A$ 在 $\mathcal{Q}$ 中有下界，但在 $\mathcal{Q}$ 中没有下确界。按照定理 4.3.1 的做法，写出证明的所有细节。

2. 除了完备性性质，**阿基米德性质**也是 $\mathcal{R}$ 的另一条重要基本性质。它说的是，若 $x, y \in \mathcal{R}$ 且 $x, y > 0$，则存在一个 $n \in \mathcal{N}$，使得 $nx > y$。

   用阿基米德性质证明：若 $r, s \in \mathcal{R}$ 且 $r < s$，则存在 $q \in \mathcal{Q}$，使得 $r < q < s$。[提示：取 $n \in \mathcal{N}$，$n > 1/(s - r)$，然后找到一个 $m \in \mathcal{N}$，使得 $r < (m/n) < s$。]

4.4 序列

假设我们把每个自然数 n 都与一个实数 a_n 联系起来，那么所有这些数 a_n 的集合，按指标 n 排列，被称为一个**序列**。我们用

$$\{a_n\}_{n=1}^{\infty}$$

表示该序列。因此，符号 $\{a_n\}_{n=1}^{\infty}$ 代表序列

$$a_1, a_2, a_3, \ldots, a_n, \ldots$$

例如，当 $\mathcal{N}$ 的成员按照它们通常的顺序排列时，

$$1, 2, 3, \ldots, n, \ldots$$

它们自身也构成一个序列。该序列可以记为 $\{n\}_{n=1}^{\infty}$（因为对每个 n，$a_n = n$）。

我们也能用一种不同的方式为 $\mathcal{N}$ 的元素重新排序，得到序列

$$2, 1, 4, 3, 6, 5, 8, 7, \ldots$$

这是一个与序列 $\{n\}_{n=1}^{\infty}$ 相距甚远的序列，因为序列中成员出现的顺序是十分重要的。如果我们允许重复出现，那么我们还能得到一个全新的序列

$$1, 1, 2, 2, 3, 3, 4, 4, 4, 5, 6, 7, 8, 8, \ldots$$

序列并不一定全都遵循某种良好的规则。尽管你在教科书中所找到的例子的确有规律可循，但你也会有遭遇无法找到用 n 来描述 a_n 的公式的时候。

另外，我们有常数序列

$$\{\pi\}_{n=1}^{\infty} = \pi, \pi, \pi, \pi, \pi, \ldots, \pi, \ldots$$

或者（正负号）交错序列

$$\{(-1)^{n+1}\}_{n=1}^{\infty} = +1, -1, +1, -1, +1, -1, \ldots$$

简而言之，除了要求序列 $\{a_n\}_{n=1}^{\infty}$ 的成员为实数外，对它们并没有什么限制。

某些序列具有相当特殊的性质。随着指标变大，序列中的数变得任意接近某个固定的数。例如，序列

$$\left\{\frac{1}{n}\right\}_{n=1}^{\infty} = 1, \frac{1}{2}, \frac{1}{3}, \frac{1}{4}, \ldots, \frac{1}{n}, \ldots$$

的成员随着 n 变大，变得任意接近 0；而序列

$$\left\{1 + \frac{1}{2^n}\right\}_{n=1}^{\infty} = 1\frac{1}{2}, 1\frac{1}{4}, 1\frac{1}{8}, 1\frac{1}{16}, \ldots$$

的成员变得任意接近 1。还有一个例子，序列

$$3, \ 3.1, \ 3.14, \ 3.141, \ 3.1415, \ 3.14159, \ 3.141592, \ 3.1415926, \ldots$$

的成员变得任意接近 π。这个例子并不像其他例子那么好，因为我们并没有给出该序列中第 n 项的通项规则。

若序列 $\{a_n\}_{n=1}^{\infty}$ 中的成员像这样变得任意接近某个固定的数 a，我们称序列 $\{a_n\}_{n=1}^{\infty}$ **趋于极限** a，写作

$$随着\ n \to \infty,\ a_n \to a.$$

另一个常用的记法为

$$\lim_{n \to \infty} a_n = a.$$

目前为止，我们所讨论的都只是直观上的印象。让我们看看是否能得到"随着 $n \to \infty$, $a_n \to a$"的一个精确定义。

说 a_n 变得任意接近 a，也就是说差值 $|a_n - a|$ 变得任意接近 0。这与说只要 ϵ 为一个正实数，差值 $|a_n - a|$ 最终都会比 ϵ 小是一样的。由此能得到下面这个形式化的定义：

随着 $n \to \infty$, $a_n \to a$,

当且仅当 $(\forall \epsilon > 0)(\exists n \in \mathcal{N})(\forall m \geqslant n)(|a_m - a| < \epsilon)$.

这看起来十分复杂，让我们试着分析一下它。首先考虑

$$(\exists n \in \mathcal{N})(\forall m \geqslant n)(|a_m - a| < \epsilon)$$

这部分。它说的是，存在一个 n，使得对所有大于等于 n 的 m, a_m 到 a 的距离都比 ϵ 小。换句话说，存在一个 n，使得序列 $\{a_n\}_{n=1}^{\infty}$ 中 a_n 之后的所有项与 a 的距离都小于 ϵ。我们能用序列 $\{a_n\}_{n=1}^{\infty}$ 中的项与 a 的距离最终都小于 ϵ 来精确地表达这个意思。

因此，陈述

$$(\forall \epsilon > 0)(\exists n \in \mathcal{N})(\forall m \geqslant n)(|a_m - a| < \epsilon)$$

说的是，对每个 $\epsilon > 0$，序列 $\{a_n\}_{n=1}^{\infty}$ 的成员与 a 的距离最终都小于 ϵ。这就是 "a_n 变得任意接近 a" 这个直观概念的形式定义。

让我们考虑一个数值的例子。考虑序列 $\{\frac{1}{n}\}_{n=1}^{\infty}$。直观上说，我们知道随着 $n \to \infty, 1/n \to 0$。我们会看到，对这个序列，形式定义是如何发挥作用的。我们必须证明

$$(\forall \epsilon > 0)(\exists n \in \mathcal{N})(\forall m \geqslant n)\left(\left|\frac{1}{m} - 0\right| < \epsilon\right).$$

这马上能够简化成

$$(\forall \epsilon > 0)(\exists n \in \mathcal{N})(\forall m \geqslant n)\left(\frac{1}{m} < \epsilon\right).$$

要证明这是一个真论断，令 ϵ 为任意一个大于 0 的数。我们必须要找到一个 n，使得

$$m \geqslant n \Rightarrow \frac{1}{m} < \epsilon.$$

选取一个足够大的 n，使得 $n > 1/\epsilon$。（这用到了在练习 4.3.3 中讨论过的 $\mathcal{R}$ 的阿基米德性质。）现在，若 $m \geqslant n$，则

$$\frac{1}{m} \leqslant \frac{1}{n} < \epsilon.$$

换句话说，

$$(\forall m \geqslant n)\left(\frac{1}{m} < \epsilon\right).$$

而这就是我们所需要的。

这里要注意的一点是，我们对 n 的选择依赖于 ϵ 的值。ϵ 越小，我们需要的 n 越大。

另一个例子为序列 $\{n/(n+1)\}_{n=1}^{\infty}$，即

$$\frac{1}{2}, \frac{2}{3}, \frac{3}{4}, \frac{4}{5}, \cdots$$

我们证明，随着 $n \to \infty$, $n/(n+1) \to 1$。令 ϵ 为一个给定的大于 0 的数。我们必须找到一个 $n \in \mathcal{N}$，使得对全部的 $m \geqslant n$，

$$\left| \frac{m}{m+1} - 1 \right| < \epsilon.$$

选取一个足够大的 n 使得 $n > 1/\epsilon$。那么，对于 $m \geqslant n$，

$$\left| \frac{m}{m+1} - 1 \right| = \left| \frac{-1}{m+1} \right| = \frac{1}{m+1} < \frac{1}{m} \leqslant \frac{1}{n} < \epsilon.$$

而这就是我们所需要的。

练习 4.4.1

1. 用符号和文字表述"随着 $n \to \infty$, $a_n \nrightarrow a$"的意思。

2. 证明：随着 $n \to \infty$, $(n/(n+1))^2 \to 1$。

3. 证明：随着 $n \to \infty$, $1/n^2 \to 0$。

4. 证明：随着 $n \to \infty$, $1/2^n \to 0$。

5. 若序列 $\{a_n\}_{n=1}^{\infty}$ 随着 n 的增长，a_n 也无界增长，则我们称该序列**趋于无穷**。例如，序列 $\{n\}_{n=1}^{\infty}$ 趋于无穷，序列 $\{2^n\}_{n=1}^{\infty}$ 也同样趋于无穷。为该概念写一个精确的定义，并证明上述两个例子均满足这个定义。

6. 令 $\{a_n\}_{n=1}^{\infty}$ 为一个递增序列（即对每个 n, $a_n < a_{n+1}$）。假设随着 $n \to \infty$, $a_n \to a$。证明 $a = \mathrm{lub}\{a_1, a_2, a_3, \ldots\}_{n=1}^{\infty}$。

7. 证明：若 $\{a_n\}_{n=1}^{\infty}$ 递增且有上界，则它有极限。

集合论

[本书的大多数读者大概都学过足够多的基础集合论。这个简短的附录概述了所需要的内容。]

集合的概念是极其基础的，如今所有的数学思维都会用到这个概念。任何良好定义的对象的全体是一个集合。例如，我们有

- 你班上所有学生的集合
- 全体素数的集合
- 仅有你一个成员的集合

决定一个集合只需要能找到某种描述全体对象的方法。（事实上，这并不对。在被称为抽象集合论的数学学科中，允许有任意类对象，这时并没有能用于定义这些对象的性质。）

若 A 是一个集合，则 A 中的对象被称为 A 的**成员**，或者 A 的**元素**。我们用

$$x \in A$$

来表示 x 是 A 的一个元素。

　　某些集合在数学中经常出现,方便起见,为它们取一个标准记号:

　　$\mathcal{N}$:全体自然数的集合(即数 1、2、3 等)

　　$\mathcal{Z}$:全体整数的集合(0 和所有正负整数)

　　$\mathcal{Q}$:全体有理数的集合(分式)

　　$\mathcal{R}$:全体实数的集合

　　因此,例如

$$x \in \mathcal{R}$$

意味着 x 是一个实数,而

$$(x \in \mathcal{Q}) \wedge (x > 0)$$

意味着 x 是一个正有理数。

　　描述集合的方法有好几种。若集合中元素数目很少,我们可以把它们列举出来。在这种情形下,我们用花括号把列举出的元素圈起来表示该集合。因此,例如

$$\{1, 2, 3, 4, 5\}$$

表示由自然数 1、2、3、4、5 组成的集合。

　　通过使用"省略号",我们能够把该记法推广到任意有限集。例如,

$$\{1, 2, 3, \ldots, n\}$$

表示前 n 个自然数的集合。还有,

$$\{2, 3, 5, 7, 11, 13, 17, \ldots, 53\}$$

能够(在适当的上下文中)用来表示到 53 为止的所有素数的集合。

也能通过使用省略号来描述某些无穷集（只是这个时候省略号没有终点）。例如，

$$\{2, 4, 6, 8, \ldots, 2n, \ldots\}$$

表示所有偶自然数的集合。还有，

$$\{\ldots, -8, -6, -4, -2, 0, 2, 4, 6, 8, \ldots\}$$

表示所有偶整数的集合。

然而，一般来说，除了元素数目少的有限集，描述集合的最好方法是给出能够定义该集合的性质。若 $A(x)$ 为某性质，则所有满足 $A(x)$ 的 x 的集合能被表示成

$$\{x | A(x)\}$$

或者，如果我们希望将 x 限制为某个集合 X 的成员，那么我们可以写成

$$\{x \in X | A(x)\}$$

这读成 "X 中所有满足 $A(x)$ 的 x 的集合"。例如，

$$\mathcal{N} = \{x \in \mathcal{Z} | x > 0\}$$
$$\mathcal{Q} = \{x \in \mathcal{R} | (\exists m, n \in \mathcal{Z})[(m > 0) \wedge (mx = n)]\}$$
$$\{\sqrt{2}, -\sqrt{2}\} = \{x \in \mathcal{R} | x^2 = 2\}$$
$$\{1, 2, 3\} = \{x \in \mathcal{N} | x < 4\}$$

若两集合 A、B 的元素恰好相同，则它们**相等**，写成 $A = B$。正如下面的例子所显示的，集合的相等并不意味着它们有相同

的定义，同一个集合通常有许多不同的描述方法。集合相等这个定义反映的是集合只是一些对象的全体这个事实。

如果要证明集合 A 和 B 相等，我们通常把证明分成两部分：

(a) 证明 A 的每个成员都是 B 的成员，

(b) 证明 B 的每个成员都是 A 的成员。

放在一起，(a) 和 (b) 显然蕴涵 $A = B$。((a) 和 (b) 的证明通常都是"取任意一个元素"的变体。例如，要证明 (a)，我们必须证明 $(\forall x \in A)(x \in B)$，所以我们取 A 的任意一个元素 x，来证明 x 必然也是 B 的一个元素。)

集合的记法有显然的推广。例如，我们能写

$$Q = \{m/n \mid m, n \in \mathcal{Z}, n \neq 0\}$$

等等。

为了方便，数学中引入了一个没有元素的集合：**空集**。当然，只能有一个这样的集合，因为任意两个这样的集合将会含有相同的元素，从而（由定义可知）相等。空集由斯堪的纳维亚字母 $\emptyset$ 表示（注意，这不是希腊字母 ϕ）。有许多方法能够表示空集。例如，

$$\emptyset = \{x \in \mathcal{R} \mid x^2 < 0\}$$

$$\emptyset = \{x \in \mathcal{N} \mid 1 < x < 2\}$$

$$\emptyset = \{x \mid x \neq x\}$$

注意，$\emptyset$ 和 $\{\emptyset\}$ 是十分不同的集合。$\emptyset$ 是空集：它**没有**成员。$\{\emptyset\}$ 是只有**一个**成员的集合。因此，

$$\emptyset \neq \{\emptyset\}.$$

实际上，

$$\emptyset \in \{\emptyset\}.$$

（$\{\emptyset\}$ 唯一的元素是空集这个事实与下面所描述的关系无关：$\{\emptyset\}$ 有一个元素，而 $\emptyset$ 没有。）

若 A 的每个元素都是 B 的成员，则集合 A 被称为集合 B 的**子集**。例如，$\{1,2\}$ 是 $\{1,2,3\}$ 的子集。我们用

$$A \subseteq B$$

来表示 A 是 B 的子集。如果我们想要强调这里的 A 和 B 不相等，那么我们写成

$$A \subset B,$$

并称 A 为 B 的**真子集**。（这种用法与 $\mathcal{R}$ 上的序关系 $\leqslant$ 和 $<$ 相似。）

显然，对任意集合 A、B，我们有

$$A = B \text{当且仅当}(A \subseteq B) \wedge (B \subseteq A).$$

练习 A1

1. 下面这个著名的集合是什么：

$$\{n \in \mathcal{N} | (n > 1) \wedge (\forall x, y \in \mathcal{N})[(xy = n) \Rightarrow (x = 1 \vee y = 1)]\}.$$

2. 令

$$P = \{x \in \mathcal{R} | \sin(x) = 0\}, \ Q = \{n\pi | n \in \mathcal{Z}\}.$$

P 和 Q 的关系是什么？

3. 令

$$A = \{x \in \mathcal{R} | (x > 0) \wedge (x^2 = 3)\}.$$

给出集合 A 的一个更简单的定义。

4. 证明: 对任意集合 A,

$$\emptyset \subseteq A \text{ 且 } A \subseteq A.$$

5. 证明: 若 $A \subseteq B$ 且 $B \subseteq C$, 则 $A \subseteq C$。

6. 列出集合 $\{1, 2, 3, 4\}$ 的所有子集。

7. 列出集合 $\{1, 2, 3, \{1, 2\}\}$ 的所有子集。

8. 令 $A = \{x | P(x)\}$, $B = \{x | Q(x)\}$, 这里式子 P、Q 满足 $\forall x [P(x) \Rightarrow Q(x)]$。证明 $A \subseteq B$。

9. 证明: (由归纳法) 元素数目恰好为 n 的集合有 2^n 个子集。

10. 令

$$A = \{o, t, f, s, e, n\}.$$

给出集合 A 的另一个定义。(提示: 与 $\mathcal{N}$ 有关, 但并不完全是数学上的联系。)

我们能对集合进行一些不同的自然操作。(粗略地说, 它们对应于整数中的加法、乘法和取负号。)

给定两个集合 A、B, 我们能造出这样一个集合, 它的对象是 A 和 B 其中一个集合的成员。这个集合被称为 A 和 B 的并, 它被表示为

$$A \cup B.$$

形式上说, 该集合有定义

$$A \cup B = \{x | (x \in A) \vee (x \in B)\}.$$

(注意, 这如何与我们用"或"表示包含性的或的决定相容。)

集合 A 和 B 的交是 A 和 B 所有共有成员的集合。它被表示成

$$A \cap B,$$

并有形式定义

$$A \cap B = \{x | (x \in A) \wedge (x \in B)\}.$$

若两个集合 A 和 B 没有共有元素，即 $A \cap B = \emptyset$，则它们被称为**不相交**。

集合论中关于否定的类比需要有**全集**的概念。通常，在我们讨论集合时，这些集合由同类对象组成。例如，在数论中，我们可能关注的是自然数集或有理数集；在实分析中，我们通常关注的是实数集。对一个特定的讨论来说，全集只是收集了所有被考虑的那类对象的集合。它常常是量词所讨论的域。

一旦我们确定了全集，我们就能引入集合 A 的**补集**这个概念。相对于全集 U，集合 A 的补集是 U 中所有不在 A 中的元素的集合。该集合被表示成 A'，并有形式定义

$$A' = \{x \in U | x \notin A\}.$$

（注意，简洁起见，我们用 $x \notin A$ 代替 $\neg(x \in A)$。）

例如，若全集为自然数集 $\mathcal{N}$，而 E 为偶 (自然) 数集，则 E' 为奇（自然）数集。

下面的定理总结了刚才讨论过的三种集合操作的一些基本事实。

定理 令 A、B、C 为全集 U 的子集。

(1) $A \cup (B \cup C) = (A \cup B) \cup C$

(2) $A \cap (B \cap C) = (A \cap B) \cap C$

　　　　((1) 和 (2) 是结合律)

(3) $A \cup B = B \cup A$

(4) $A \cap B = B \cap A$

　　　((3) 和 (4) 是交换律)

(5) $A \cup (B \cap C) = (A \cup B) \cap (A \cup C)$

(6) $A \cap (B \cup C) = (A \cap B) \cup (A \cap C)$

　　　((5) 和 (6) 是分配律)

(7) $(A \cup B)' = A' \cap B'$

(8) $(A \cap B)' = A' \cup B'$

　　　((7) 和 (8) 被称为德摩根法则)

(9) $A \cup A' = U$

(10) $A \cap A' = \emptyset$

　　　((9) 和 (10) 是补集律)

(11) $(A')' = A$

　　(自逆律)

证明　留作练习。　　　　　　　　　　　　　　　□

练习 A2

1. 证明上述定理的所有部分。

2. 找到一份说明**维恩图**的资料，并用它来解释和帮助你理解上述定理。

译后记

　　什么是数学？这是一个很宽泛，也很难回答的问题。对于不同的人，他们心目中的数学是不一样的。我对数学的理解是：数学是人类探索自身所在宇宙、研究其背后的原理，并将其高度抽象化的一门学科。伽利略的那句话，"只有那些懂得自然是用什么语言书写的人，才能读懂自然这本巨著，而这种语言就是数学"，正是对数学是什么的一个绝妙阐述。

　　在本书中，作者基思·德夫林也同样传达了他的理念：数学无处不在，数学思维无处不在。并且，他也希望能向更广泛的公众解释：什么是数学思维？如何像数学家一样思考？全书便是围绕这两个问题展开的，篇幅不多，仅有短短不到 150 页，是配合作者所开设的面向大学新生的过渡课程的教科书，同时也是Coursera 上的免费公开课《数学思维导论》的配套教科书。

　　我十分喜欢第 2 章中作者一边引入符号语言，一边解释我们为什么要引入这种符号的做法，配合上他给出的自然语言中的例子,十分生动形象。这说明数学语言的由来不是无的放矢,它们的确是源自现实的需要,并且更精确,更严谨。第 3 章的标题是证明,作者介绍了几种推理的思路,其实这几种思路我们在现实生活中也会用到,只是我们不会意识到自己原来是在用数学思维思考问题。至于最后一章,除了作者所说的希望展示一些经典的证明之外,也有一部分内容填补了从中学数学到大学数学中可能存在的空白。从整数到实数,从离散到连续,从有限到无穷,作者把这些写得很详细很直观,使大学新生能够更容易接受这种思维的大转变。

很多时候,人们都会被数学的抽象所吓倒,似乎这种抽象割裂了数学与生活之间的联系,使其在人们心中沦为了符号游戏。但数学也有其直观与贴近生活的一面,只是这一面隐藏在了一种严格而凝练的语言之后。

希望这本书也能为你开启一扇理解数学的窗口。

最后,这本书是我翻译的第一本书。在翻译及修改过程中,我深深意识到水平有限,其中的错误与不足,还请大家原谅并不吝指出。

林恩

2015 年 11 月

索 引